花生产业精品教材

花生绿色优质高产栽培与病虫害防控

姜秀芹　任晓莉　吕荣臻　刘若涛　路明明　郭瑞玲　主编

图书在版编目(CIP)数据

花生绿色优质高产栽培与病虫害防控 / 姜秀芹等主编. --北京：中国农业科学技术出版社，2024.5

ISBN 978-7-5116-6831-8

Ⅰ.①花…　Ⅱ.①姜…　Ⅲ.①花生-栽培技术-无污染技术②花生-病虫害防治　Ⅳ.①S565.2②S435.652

中国国家版本馆 CIP 数据核字(2024)第 102754 号

责任编辑　白姗姗
责任校对　李向荣
责任印制　姜义伟　王思文

出 版 者　中国农业科学技术出版社
　　　　　北京市中关村南大街 12 号　　邮编：100081
电　　话　(010) 82106638 (编辑室)　(010) 82106624 (发行部)
　　　　　(010) 82109709 (读者服务部)
网　　址　https://castp.caas.cn
经 销 者　各地新华书店
印 刷 者　鸿博睿特(天津)印刷科技有限公司
开　　本　140 mm×203 mm　1/32
印　　张　5
字　　数　125 千字
版　　次　2024 年 5 月第 1 版　2024 年 5 月第 1 次印刷
定　　价　39.80 元

《花生绿色优质高产栽培与病虫害防控》

编委会

主　编：姜秀芹　任晓莉　吕荣臻　刘若涛
路明明　郭瑞玲

副主编：沙传红　蔺欣艳　王　燕　余国庆
史大院　孙晓飞　丁朝霞　孙振富
卢俊宇　高光明　郝入锋　刘　敬
赵春迎　吴立恒　赵春迎　黄　海
张晓菲　李爱科　邵双双　姚红燕
张　震　闫秀梅　曹　健　郭延习
宋　涛　张文莲　刘晓虹　闫宇翔
刘运堂

编　委：李　娜　何美娟

前　言

花生是我国主要的油料作物、高效经济作物，其产品富含不饱和脂肪酸与蛋白质，营养保健价值较高，加工利用增值明显。花生绿色高产栽培对提高我国花生产量、改善品质、降低成本、提高市场竞争力、促进花生产区的经济发展、增加农民收入等方面具有十分重要的意义。

本书共11章，包括花生生长发育与品质提升，花生种子处理与播种，花生的科学施肥、灌溉技术，花生苗期管理，花生中期管理，花生后期管理，花生绿色优质高产栽培新技术，花生主要病虫草鼠害绿色防控，花生防灾减灾技术，花生机械化生产，花生机收减损、贮藏与加工等内容。本书力求体现花生优质高效生产技术的科学性、先进性和实用性，达到技术要点明确、可操作性强，可为农业科技人员、农村干部和广大种植户从事花生生产提供技术指导和参考。

由于编者水平所限，书中难免存在疏漏之处，恳请广大读者批评指正。

编　者

2024年4月

目　录

第一章　花生生长发育与品质提升

第一节　花生的生育期

我国通常按春播的生育期长短，将花生分为早熟（130d以内）、中熟（145d左右）、晚熟（160d以上）品种。花生具有无限生长的习性，其开花期和结实期很长，而且在开花以后很长一段时间里，开花、下针、结果连续不断地交错进行，因此，与其他作物相比，花生生育时期的划分存在一定困难。尽管如此，花生各器官的发生及其生育高峰的出现具有一定的顺序性和规律性，不同生育时期植株形态及干物质分配在不断发生变化，这些变化特点可作为生育时期划分的重要依据。目前，一般将花生一生分为种子发芽出苗期、幼苗期、开花下针期、结荚期和饱果成熟期5个生育时期。

一、种子发芽出苗期

（一）种子发芽出土过程

从播种到50%的幼苗出土、第一片真叶展开为种子发芽出苗期。其长短因播期、品种等而异，适期春播的一般为10~15d，夏播5~8d。完成了休眠并具有发芽能力的种子，在适宜的外界条件下即能萌发。花生种子需吸收风干种子重的40%~60%的水分，才能开始萌动。吸水速度与水的温度有关，水温在30℃，3~5h即可吸足萌发所需水分，15℃左右则需6h以上。

当子叶顶破土面后，下胚轴停止伸长，而胚芽迅速生长，种皮破裂，子叶张开，当第一片真叶露出地表并展开时，称为出苗。花生出苗时，两片子叶一般不出土，在播种浅或土质松散的条件下，子叶可露出地面一部分，所以称花生为子叶半出土作物。花生的胚轴粗壮，发芽出苗时的顶土能力较强，但若播种过深，或覆土太厚，胚轴就不能将子叶推至土表，这样，由子叶节上生出的第一对侧枝的生长便受到阻碍，直接影响产量。这是生产上花生为什么要“清棵”的主要原因。

（二）影响种子萌发出苗的因素

影响种子萌发出苗的内因是种子的活力强弱，外因是环境条件，主要有水分、温度和氧气等。

1. 种子活力

种子活力是指种子发芽的潜在能力或种胚所具有的生活力。活力强的种子不仅发芽率高、整齐，而且幼苗健壮，特别是在逆境条件下具有良好的发芽能力。种子成熟度与种子活力关系密切。完全成熟的饱满大粒种子，含有丰富的营养物质，活力旺盛，发芽势强，发芽率高，幼苗健壮；成熟度差的种子，即使能够萌发，幼苗长势往往较弱，抗逆性差。因此，选用一级大粒饱满籽仁作种，是花生苗全、苗壮的关键。

2. 水分

种子从萌发到出苗约需吸收种子重量 4 倍的水。播种时土壤水分以田间持水量的 65%～75% 为宜。在此水分条件下，种子吸水和发芽快，出苗齐而壮。当土壤水分降至田间持水量的 40%时，种子虽能发芽，但种子吸水、发芽及发芽后根的生长、胚轴的伸长等明显变慢，并时常出现发芽后又落干的现象，出苗不齐；但若土壤湿度过大，因氧气不足，种子呼吸受抑，反而降低发芽率，土温较低或种子生活力较弱的情况下，

表现更为明显，严重时造成烂种。

3. 温度

种子萌发要求一定的温度，不同类型品种萌发、出苗所需温度有一定差异。花生种子发芽最适温度为25~37℃。当温度高于40℃时，胚根发育受阻，发芽率下降；当温度升至46℃，有些品种不能发芽。

4. 氧气

在适宜的温度、水分条件下，种子萌动发芽，呼吸作用加强，需要大量的氧气，以促使脂肪转化为糖类，保证幼苗正常生长。土壤通气状况良好，种子内有机物质氧化分解快，产生的能量多，发芽速度快，幼苗健壮。当土壤水分过多，或土壤板结，或播种过深，造成土壤缺氧时，幼苗长势弱，出土慢，甚至烂种。

二、幼苗期

从出苗到50%的植株第一朵花开放为苗期。苗期生长缓慢，但相对生长速率最快，主要结果枝已形成，大部分花芽分化完毕，根系大量发生。花生苗期的长短品种间有显著差异，连续开花型品种较短，一般主茎有7~8片真叶即能开花；交替开花型较长，一般主茎有9片真叶时才能开花。同类品种苗期长短主要受温度影响，生长低限温度为14~16℃，最适温度26~30℃，需大于10℃的有效积温300~350℃。一般春播花生苗期25~35d，夏播20~25d，覆膜栽培缩短2~5d。

苗期是花生一生最耐旱的时期，适度干旱有利于增强抗旱能力和增产。苗期湿涝会导致地上部徒长、抑制根系发育。苗期养分吸收不多，但根瘤尚处于形成期，适当施氮、磷肥能促进根瘤发育，有利于生物固氮，促进花芽分化，增加有效

花数。

三、开花下针期

从50%植株开花到50%植株出现鸡头状幼果（子房膨大）为开花下针期，简称花针期。这是花生植株大量开花、下针、营养体迅速生长的时期。但是，花针期还未达到植株干物质积累的最盛期，叶面积系数一般还不到最高峰，即使在肥水较好的条件下，植株还较矮，田间还未封垄或刚开始封垄。花针期历期中熟品种春播一般需25~30d，麦套或夏直播20~25d；早熟品种春播20~25d，麦套或夏直播17~20d。

花针期各器官的生长生育对外界环境条件反应比较敏感。适宜日平均气温为22~28℃，约需大于10℃有效积温290℃。当温度低于20℃或高于30℃时，开花量明显减少，尤其是受精过程受到严重影响，成针率显著降低。当温度低于18℃或高于35℃时，花粉粒不能发芽，花粉管不伸长，胚珠不能受精或不能完全受精。

花针期尤其是盛花期是需水高峰期，干旱会严重影响营养生长，显著影响开花，甚至中断开花，延迟果针入土和荚果形成。花针期干旱对生育期短的夏花生和早熟品种的影响尤其严重。但田间持水量不宜超过80%，否则茎枝易徒长，花量减少，而且由于土壤通透性差，影响根系的正常生长和对矿质元素的吸收，同时根瘤菌的固氮活动和供氮能力也因缺氧而降低。时间稍长，植株会出现叶色失绿变黄，严重时下部甚至中部叶片脱落。

四、结荚期

从50%植株出现鸡头状幼果到50%植株出现饱果为结

荚期。这一时期是花生营养生长与生殖生长并盛期，吸收养分最多（吸收的氮、磷占一生总量的60%～70%），根瘤固氮与供氮最盛，叶面积系数、冠层光截获率、群体光合强度和干物质积累量均达到一生中的最高峰，同时也是营养体由盛转衰的转折期。该期干物质积累量占总生物量的50%～60%，有50%～70%被分配到营养器官中。结荚初期田间封垄，中期叶面积最大，末期主茎达最高。此期开花量渐少，大批幼果和秕果产生，形成果数占最终总果数的60%～70%，是果数和产量形成的决定期。中熟大粒品种历期40～45d，早熟品种30～40d，覆膜可缩短4～6d。

结荚期对温度要求较高。始花后30～60d的气温与产量呈显著正相关。结荚期大粒品种需10℃以上有效积温600℃，或15℃以上有效积温400～450℃。低温、干旱或多雨引起土壤水分过多和光照不足等均能影响荚果正常发育，延长结荚期，导致减产。结荚初期对干旱最为敏感，日耗水可达5～7mm。此期光照不足，显著减轻果重，对花生产量影响最大。

五、饱果成熟期

从50%的植株出现饱果到大多数荚果饱满成熟为饱果成熟期，简称饱果期。此期营养生长、根瘤菌固氮逐渐衰退，根系因老化吸收能力显著降低，叶片渐黄、脱落，叶面积降低，净光合生产率下降，干物质积累变慢；茎叶积累的养分向荚果大量运转，但荚果迅速增重，饱果数明显增加，是果重增加的主要时期。此期果针数、总果数基本不再增加。这一时期所增加的果重一般可占总果重的40%～60%，是荚果产量形成的主要时期。饱果期春播中熟品种历时40～50d，需10℃以上有效积温600℃；晚熟品种约需60d；早熟品种30～40d；夏播一般

需 20~30d。

饱果期耗水和需肥量下降，但对温、光、水仍有较高的要求，干旱、土壤肥力不足或叶部病害严重等常会影响荚果充实。温度低于 15℃ 荚果停止生长，若遇干旱则无补偿能力，会缩短饱果期而减产。若生育后期肥水过多，或地下荚果严重腐烂或地下害虫对荚果为害严重时，会出现营养体无衰退迹象，茎叶继续保持一定的徒长势头，干物质积累较多，但运往地下生殖体（特别是荚果）的部分较少。较为理想的状态为营养体生长缓慢衰退，既保持较多的叶面积和较高的生理功能，产生较多的干物质，又能使这些物质主要用于充实地下荚果，避免徒长，提高产量。因此，后期既要养根保叶，又要预防徒长，这是确保花生高产的一项重要措施。

第二节　花生生产的环境条件

一、土壤

环境要素大气、土壤、水体中，大气和水体都是流动的，其质量状况的优劣由周边污染源排污情况对其产生的影响决定。而土壤是固定的，一经污染则很难修复，对农产品生产将产生持久的影响。因此，研究制定出土壤污染监测与评价技术，对农产品产地土壤环境质量进行科学的评价至关重要。

土壤质地为沙壤土至黏土，上松下实，干时不散不板，湿时不黏不懈，旱能浇，涝能排，具备高产优质和可持续发展的立地条件。

二、水分

花生比较耐旱，但发芽出苗时要求土壤湿润，以土壤最大持水量的70%为宜，出苗后便表现了较强的抗旱能力。苗期需水少。开花期需要土壤水分充足，如果20cm深的土层内含水量降至土壤最大持水量的50%以下，开花便会中断。下针结实期要求土壤湿润又不渍涝。花生全生育期降水量300～500mm便可种植。多数产区水分对产量的影响主要是降水分布不均。

三、温度

花生是喜温作物，需较高热量。日平均5cm地温稳定在12℃以上时才能播种，生长适温为25～30℃。低于15.5℃时基本停止生长，高于35℃对花生生育有抑制作用；昼夜温差超过10℃不利于荚果发育，白天26℃、夜间22℃最适于荚果发育；秋季气温降至11℃左右时荚果即停止发育。白天30℃、夜间26℃最适合营养生长；5℃以下低温5d，根系便受伤，-1.5～2℃时地上部便受冻害。全生育期需积温为3 000～3 500℃（珍珠豆型约3 000℃，普通型和龙生型约3 500℃）。

四、光照

花生对日照长度的变化不敏感，光照总时数为1 300h左右。尽管长日照和短日照地区之间可以相互引种，但花生毕竟属于短日照作物，长日照有利于营养生长，短日照能促进开花；在短日照下，植株生长不充分、开花早、单株结果少。光照强度不足时，植株易徒长、产量低；光照充足，植株生长健壮、结实多、饱果率高。

五、茬口

作物的茬口是换茬轮作的基本依据。合理的轮作是运用作物—土壤—作物之间的相互关系，根据不同作物的茬口特性，组成适宜的前作、轮作顺序和轮作年限，做到作物间彼此取长补短，以利于每作增产，持续稳产高产。花生是豆科作物，与禾本科（小麦）、十字花科等作物换茬效果好，与生态型相近的豆科作物轮作效果较差。轮作顺序一般先安排花生，花生收获后，再安排需氮较多的禾本科作物。故花生有“先锋作物”“甜茬”之称。一般情况下，花生轮作年限最好在 3 年以上，目前我国花生产区的轮作年限以 2~4 年者居多。

花生与小麦、水稻、玉米或甘薯等作物轮作，由于需肥特点不同、栽培条件不同，通过轮作换茬，可以充分利用土壤的养分，因而有利于作物生长。禾本科作物需氮肥较多，需磷、钾肥相对较少；花生是豆科作物，具有根瘤菌，能固定空气中的氮素，而从土壤中吸收磷、钾较多，吸收氮素相对较少。禾本科作物具有浅生的须根系，主要利用耕作层养分；花生为直根系，入土较深，可吸收深层的养分，同时还能将固定的氮素遗留一部分到土壤中，供下茬作物利用。花生的残根落叶及茎叶回田，能显著提高土壤肥力。同时，栽培条件不同的作物进行轮作，可以改善土壤理化性状。水稻连作，易造成土壤板结，孔隙度小，渗透性差。而水稻与花生轮作，由于作物生活环境和栽培条件的改变，使土壤疏松，孔隙度增加，通透性改善。合理的轮作通过换种不同属的作物之后，使害虫失去适宜的生活条件，病原菌失去寄主，杂草没有共生的环境，病虫害或杂草数量也会大大减少。

第三节　花生的提质增产途径

一、选用优质、专用花生品种

良种是决定花生品质的内因，要实现优质优价，必须选择对路的专用花生品种。

二、实行区域化、专业化生产

要提高花生的质量和商品价值，需根据不同地区的地理、生态、土壤、经济条件，确定花生适宜的发展方向，配置适合的品种，实现按用途、区域化、专业化生产，保证某一区域的品种统一，商品花生的品种纯度高、一致性强，有较高的商业竞争力。

专用优质花生的特性与栽培管理措施有密切的联系，花生优质高产配套栽培技术可以提高其品质和质量。因此，生产上实行优质高产标准化栽培，才能确保花生优质高产。重点要抓好以下几方面措施。

（一）注重环境和地块的选择

花生栽培区域周围不能有产生污染的工矿企业等污染源，空气、土壤和灌溉水都要符合绿色食品的标准。地块最好为生茬地或轮作地块、中等或中等肥力以上、无线虫病或枯萎病源侵染或发生的地块。

（二）注重配方施肥

要以有机肥和生物肥为主，适当搭配化肥，禁止施用硝态氮肥。施肥数量兼顾用地和养地相结合的原则，根据地力和生产水平以及需肥规律而定。

（三）搞好病虫害防治

遵照“预防为主，综合防治”的原则，采取农业生物和物理防治为主的综合防治技术，达到无毒、无残留、无公害的绿色食品目的。

（四）慎用植物生长调节剂

要通过控制氮肥、人工镇压和摘心等方法调控旺长，或使用无污染、无残留的植物生长调节剂。

（五）防止黄曲霉毒素污染

一是花生生育后期预防干旱；二是收获后遇连阴雨，要垛成秧内果外的小垛或堆成小堆，确保花生荚果不霉变，不产生黄曲霉毒素污染；三是晾晒花生含水量低于10%；四是机械脱壳的花生米含水量也必须低于10%，降低入库水分；五是储藏环境要降低温度、湿度和氧气浓度。

第二章　花生种子处理与播种

第一节　花生品种选择

花生品种选择指的是在众多不同特性的花生品种中，根据一系列特定的标准和需求，挑选出最适合特定种植条件和目标的花生种类。

一、根据种植环境选择

（一）干旱地区

花育 25 号：具有出色的耐旱性能，根系发达，能够在水分稀缺的环境中汲取所需水分。在内蒙古的部分干旱地带，花育 25 号凭借其强大的耐旱能力，保障了一定的产量。

阜花 12 号：耐旱能力显著，叶片较小且厚实，可有效减少水分散失。在辽宁西部的干旱山区，该品种展现出了良好的适应性和稳产性。

唐油 4 号：在干旱条件下依然能有较好的收成，其根系能深入地下寻找水源，适应干旱少雨的环境。例如在河北唐山的一些干旱地区，唐油 4 号为农户带来了一定的收获。

锦花 18 号：具有较强的耐旱性，植株生长健壮，在干旱条件下能保持正常的生长和结实。在辽宁锦州的部分干旱区域，有不错的种植表现。

（二）多雨地区

泉花 7 号：耐湿性强，茎秆粗壮，能在雨水充沛的环境中保持良好的生长态势，不易倒伏和染病。在福建的一些多雨地区，泉花 7 号为当地的花生种植提供了可靠的选择。

湛油 30 号：对高湿环境具有较好的耐受性，根系活力旺盛，在广东的多雨季节，依然能够稳定生长和结实。

闽花 6 号：适应多雨潮湿的气候，在福建等地的种植中，能有效抵抗病害，保证果实的产量和质量。

湘花 2008：在湖南的多雨环境下生长良好，植株健壮，果实饱满，是适合多雨地区种植的优良品种。

二、根据生育期选择

（一）早熟品种

青花 6 号：生育期短，能快速成熟。适合在土地轮作周期较短的地区种植，例如在河北的一些地区，为了实现高效轮作，青花 6 号成了农户的优选品种。

锦花 10 号：早熟且产量稳定，能够提前上市，为种植户带来早期收益。在东北地区，其早熟特性有助于避开一些不利的气候条件。

鲁花 18 号：生育期较短，成熟早，在山东的部分地区，因其早熟的特点，能更快地投入市场。

豫花 14 号：早熟品种，在河南的一些地区，能够在较短时间内收获，为下一季作物种植争取时间。

（二）中晚熟品种

连花 8 号：生育期较长，能充分积累养分，果粒饱满，产量较高。在江苏的一些肥沃土地上，连花 8 号经过长时间的生长，实现了高产丰收。

豫花 22 号：中晚熟品种，生长周期内光合作用充分，果实品质优良。在河南的部分地区，其优良的性状深受种植户喜爱。

冀花 19 号：中晚熟，在河北的部分种植区域，经过充分生长，能获得较高的产量和优质的果实。

粤海花 1 号：中晚熟，在广东的一些地区种植，能充分利用生长时间，提高果实的产量和质量。

三、根据抗病性选择

（一）抗叶斑病

金花 1012 号：对叶斑病具有较强的抗性，能够有效抵御病菌侵害，减少叶片受损，保障植株正常生长。在叶斑病多发的区域，金花 1012 号表现出色。

通花 5 号：抗叶斑病能力突出，在病害流行季节，能保持植株健康，稳定产量。在江苏南通等地，是农户对抗叶斑病的得力品种。

徐花 18 号：对叶斑病有较好的抗性，在徐州的部分地区种植，能有效减少病害对产量的影响。

穗花 16 号：抗叶斑病性能良好，在广东广州等地的种植中，能较好地抵御叶斑病的为害。

（二）抗锈病

沪花 9 号：抗锈病性能优越，在锈病高发地区仍能正常生长和结实。在上海周边的一些种植区域，为保障花生的产量和质量发挥了重要作用。

甬花 6 号：具有良好的抗锈病特性，在浙江宁波等地的种植实践中，表现出了较强的适应性和抗性。

桂花 8 号：在广西的部分锈病易发生地区，能展现出良好的抗锈病能力，保证植株的正常生长和结实。

川花 12 号：抗锈病能力较强，在四川的一些种植区域，为农户减少了因锈病造成的损失。

第二节　花生种子处理

花生播种前种子的处理方法，可为出苗整齐、苗全、苗壮打下基础。

一、播前晒种

花生种子经过较长时间的贮藏，容易吸收空气中的水分，增加种子的含水量。因此，在剥壳前要根据种子的水分变化情况，酌情进行晒种。晒种可使种子干燥，提高种子的渗透性，从而增强吸水能力，促进种子的萌动发芽，特别是对成熟度较差和贮藏期间受过潮的种子，效果更为明显。晒种对病菌侵染的种子，也可起到杀菌的作用。

很多农民冬闲时提前把花生种子备好，其实，这样做是不科学的，剥好壳的种子极易受到伤害，生理机能代谢加快，呼吸加快，养分消耗加剧，容易受潮霉变，还容易受到机械伤害，所以种子的生命力从不同程度上受到了损伤，这样也就降低了发芽率，就难以保证苗子的质量。因此，剥壳时间一般在播种前 7~10d，剥壳前带壳晒种 2~3d，晒种时将荚果摊成厚 5~6cm 的薄层，选择晴好天气，时间为 9—16 时，中间翻动 2~3 次。花生不能晒种仁，以免种皮脱落，损伤种芽，或种子“走油”，导致生活力下降，影响发芽出苗。

二、发芽试验

花生种子在收获、贮藏、调运过程中，容易因受冻、受潮

等原因，而降低种子活力，甚至丧失发芽力。加之花生用种量大，一旦盲目播下了发芽率不高的种子，不仅难以达到苗全苗壮，而且浪费种子。通过发芽试验，就可预先知道花生的种用价值，对基本丧失种用价值的种子，及时调换，对发芽率偏低又必须作种的种子，则可采取浸种催芽或适当增加播种量等办法加以补救。

发芽试验的方法是在贮藏花生的种子仓库或袋中，分上、中、下三层取有代表性的荚果，同一层的荚果剥壳后分别粒选，取一级和二级种子各 200 粒，每 50 粒为 1 次重复，分别进行发芽试验。先将种子放在 40℃左右温水中浸泡 4h 左右，使种子吸足水分，取出放在培养皿或干净的碗碟中，用湿布盖起来，放在 25~30℃条件下发芽。每天淋温水 1~2 次，保持种子湿润。从第二天起，每天检查记录发芽种子数（发芽标准：胚根长度超过 3mm）。24h 内的种子发芽百分数为发芽势，72h 内的种子发芽百分数为发芽率。发芽势超过 70%，发芽率达 95%以上的为优质种子；发芽势 50%以上，发芽率 90%以上为一般种子，可以作种；发芽势 30%以下，发芽率 80%以下为劣种子，不宜作种。

三、种子处理

花生种子播种分为籽仁播种和带壳播种两种，种植者可根据自己的喜好进行选择。

（一）籽仁播种

籽仁播种就是用剥壳后得到的花生籽仁作种进行播种。

1. 剥壳和分级粒选

作种用的花生荚果，以手工剥壳为好，不伤种子。

成熟饱满荚果的种子大小也不一致，故剥壳后要对种子进行分级粒选。剥壳后将籽仁分成三级：发育充分饱满粒的为一级，

发育中等的为二级，其余的为三级。播种时仅用一二级籽仁。

一二级籽仁饱满完整、皮色鲜艳的大粒种子，养分多，生命力强，用来作种可获得明显的增产效果。据试验，粒重0.9g以上的种子，比0.5~0.6g的种子，增产荚果24%；粒重0.8~0.9g的增产16.8%。经过分级，种子大小均匀，播种后发芽出苗整齐一致，为丰产奠定了基础。

2. 浸种催芽

在种子质量较差，发芽率只有80%~90%，又无优质种子调换，必须作种时需要浸种催芽；在土壤墒情不足或借墒早播、气候变化无常、常遇寒流、地温可能下降等情况下，需要浸种催芽播种。

（1）温水浸种法。先用30~40℃温水浸种，吸足水分后，再捞出置于25~30℃环境下催芽。

（2）沙床催芽法。选择背风向阳、地势高燥的地方建催芽床，床的宽度以管理方便为准，长度依种子量而定。

按确定规格开挖浅坑，深23~27cm，在坑的北面和东、西两面垒矮墙，东西墙要垒成北高南低的斜坡状。取筛好的干沙加80℃以上的热水，水量至手握时指缝滴水的程度，随后与花生种子充分拌匀，每100kg干沙拌20kg种子，随拌随放在催芽床内，厚度20~24cm，摊平后再在上面盖3cm厚的纯湿沙，防止干燥。最后，再在催芽床上覆盖塑料薄膜，薄膜到种子堆之间要留约50cm的空间，便于空气流通。白天利用阳光升温，晚上盖草帘保温，使芽床温度保持在25℃左右。如果中午阳光太强，可在薄膜上加盖草帘，或揭开薄膜一角，防止温度过高，堆放14~16h后，要检查种子堆内的水分情况，水分不足时，可喷洒少量温水。

（3）注意事项。

①沙床催芽所用的沙以小米粒大小为宜，过粗不易吸水保

水，过细或混有泥土，影响通气，均会妨碍种子萌发，降低发芽速度。

②一般经过 24h 左右，大多数种子“露白”，即可筛沙拣芽播种。

③催芽不要过长，以免播种时损伤胚根，催芽太长消耗养分也多，播后生活力减弱，影响幼苗出土，造成减产。

④拣出的有芽种子要立即播种，如因天气等原因不能立即播种时，应摊晾在通风阴凉处，以减缓胚根伸长。

3. 播种前拌种处理

通过拌种可有效防治根腐病、茎腐病、冠腐病等土传病害和蛴螬等地下害虫，在播种前应根据当地花生病虫特点，选择合适的药剂进行拌种，拌种要均匀，随拌随播，一般种皮晾干（阴凉通风，避免暴晒）即可播种。

（二）带壳播种

花生带壳播种，是一项抗旱、节水、增产的栽培新技术。

1. 带壳播种的优点

（1）节省人工。带壳播种省去了剥壳这一环节，可节约大量的人工。同时，带壳播种能减少化肥施用量，花生壳本身含有氮、磷、钾等多种微量元素，带壳播种，花生壳本身的营养能够满足苗期生长需要。

（2）减轻各种病害的发生。通过几年的种植生长观察发现，带壳播种的花生各种病害都轻，发病率减少 20%～30%，用药次数相对减少，从而节约了用药成本及人工成本。

（3）产量高。生产实践证明，花生带壳播种比剥去壳播种，增产幅度为 11%～18%，原因是抗病、抗疫能力强，生长稳。

2. 种子处理

（1）晒种。花生带壳播种应选用早、中熟花生品种。

播种前，应把花生荚果晒 2～3d，再将双仁果掰成单仁果。然后将单仁果的果嘴捏开，以利于花生种仁吸收水分和出苗。

（2）带壳浸种。用 35℃的温水浸泡荚果 20～24h，捞出沥干水分后即可播种。

（3）拌种。见本节前述“籽仁播种前拌种处理”部分。

（4）注意事项。

①适时早播：带壳播种应比当地籽仁播种期提前 20d，若播期过晚，则起不到增产作用。

②增加播种量：带壳播种的花生，苗期生长较快，中后期生长偏慢，株矮枝短，株形较紧凑，因此，需要增加 10%～15%的播种量才能发挥其增产作用。

③适当浅播：带壳播种出苗较慢，不宜深播，最佳播种深度为 3～5cm。播种后用脚轻轻踩一下，以免出苗时将果壳带出土面。

④加强管理：播后随时浇蒙头水。出苗后查看苗情，并引苗出土，以减少弱苗、死苗。生长期间要促控结合，防治病虫害。若盛花期出现徒长，可喷施浓度为 0.1%的矮壮素。

第三节　花生田土壤改良

一、深耕整地，加厚活土层

深耕时间以秋末、冬初为好。深耕深度以 26～33cm 为宜，一般掌握表土层下面为较好的酥石硼地的适当深些，多年浅耕、熟上层较浅的黄泥地，应适当浅些；深耕带松土铲上翻下松时，要深些，不带松土铲大翻耕时要浅些；冬耕要深些，春

耕要浅些。无论机械深耕，还是人工翻耕，应尽量保持熟土在上，不乱土层，保证耕作层的土壤具有较好的结构，较高的肥力。深耕要结合改土，黏重土壤每亩*压河淤泥66~80m³，压沙后浅耕10~13cm。

沙地压土，对于质地较粗，表土层多砂砾，蓄水、保肥性差的山岭薄地，应搬压库泥、湾泥、黏土加以改良，一般在冬前或早春每亩压黏土200m³左右。

对于由河水泛滥冲积而成的平原沙地，应根据土质情况，翻淤压沙或翻沙压淤。

水土流失严重的山压薄地，应采取“切下填上，起高填低”“抽石换土，客土造地”“挖沟修堰，跌水澄沙”等措施进行整地。

整地时应掌握3项技术要领：一是上下两平，不乱土层。上平是根据水源和排灌方向，纵向按0.3%~0.5%的比降，横向按0.1%~0.2%的比降整平地面；下平是整个地片保持一定厚度的土层。不乱土层是生土在下，熟土在上。二是灌水沉实。新整地应在冬前或早春灌水沉实，灌水时应开沟、筑埂、灌透、灌匀，灌水后抓住适墒，及时整平地面，耙平耢细。三是三沟配套，能排、能灌。即堰下沟、揽腰沟、垄沟配套，堰下沟位于上层梯田的堰下，一般上宽40~100cm，下宽15~30cm，深30~40cm，揽腰沟垂直或斜向，堰下沟一般宽30~35cm，深15~20cm。

二、增施肥料，培肥地力

中低产田土壤瘠薄，施肥偏小，土壤中一般易缺氮，少磷。因此，无论深耕地还是新整地，要结合深耕或冬春耕地，增施有机肥料，重施氮、磷、钾肥。一般每亩施优质土杂肥

---

* 1亩≈667m²。

3 000~4 000kg、硫酸铵 30~40kg 或尿素 15~20kg、普通过磷酸钙 40~80kg、硫酸钾 10~15kg。其中一半肥料结合深耕或冬春耕地施用，另一半起垄时施用。

第四节　花生播种技术

一、播种密度

花生产量由亩穴数、每穴的果数和平均果重决定。花生的有效结果半径，蔓生性品种约为 15cm，立性品种大都在 10cm 左右。稀植时单株结果数虽然多，但秕果率高，每亩的总果数及千克果数都下降。如密度过大，则每穴的果数减少，过熟果比率升高的危险性增大，其单位面积的产量和质量也不理想。研究与实践证明，受品种结实范围、地力、播种期等的影响，大花生以平均行距 40~50cm、穴距 15~22cm 为宜，小花生则以行距 33~39cm、穴距 15~18cm 为宜。通常立蔓大花生行距 42~46cm，穴距 15~18cm，大花生每亩 8 000穴左右，小花生 10 000穴左右。而麦套或夏直播花生的生育期短，植株较矮，要充分利用地力、光能，充分发挥群体的增产潜力，必须适当增加密度，密度一般比春播增加 20%左右。

二、播种深度

花生的播种深度要适宜，不能过深或过浅。播种过深出苗慢，苗弱，遇到低温年份更容易发生烂种现象；播种过浅，遇到干旱年份容易落干。据试验，花生播种深度为 4. 8cm 比 8~9cm 增产 68%，比 6. 5cm 增产荚果 12. 8%，种子增产 10. 3%，而与播种深度 3. 3cm 的产量相当。

第三章　花生的科学施肥、灌溉技术

第一节　花生需肥特点

一、营养元素在花生各器官的分配及作用

花生在一定的生长发育过程中，需要不断地从外界营养源中吸收大量的氮、磷、钾、钙和微量的镁、硫、硼、铁、锰、铜、锌、钼、氯、镍等营养元素。根据研究测定，在亩产荚果300kg以下时，每生产100kg荚果所需三要素：早熟种为氮素4.9~5.2kg、磷素0.9~1.0kg、钾素1.9~2.0kg；中熟种为氮素6.0~6.4kg、磷素1.0kg、钾素2.4kg；晚熟种为氮素6.0~6.4kg、磷素1.0~1.1kg、钾素3.3~3.4kg。亩产荚果400kg时，每生产100kg荚果所需三要素量为氮素6.4kg、磷素1.3kg、钾素3.2kg；N：P_2O_5：K_2O为4.8：1：1.7。

（一）氮素营养

氮素主要是参与复杂的蛋白质、叶绿素、磷脂等含氮物质的合成，促进枝多叶茂、多开花、多结果，以及荚果饱满，所以，荚果和叶里含氮最多，荚果含氮量占全株总量50%以上，叶片占30%左右。若氮素缺乏，花生叶色淡黄或白色，茎色发红，根瘤减少，植株生长不良，产量降低。但氮素过多，又会出现徒长倒伏现象，也会降低花生的产量及其品质。

（二）磷素营养

磷素主要参与脂肪和蛋白质的合成，并能促使种子萌发生长，促进根和根瘤的生长发育。同时，能增强花生的幼苗耐低温和抗旱能力以及促进开花受精和荚果的饱满。磷素在花生各器官的分配，以荚果最多，占全株总磷量的60%~80%。缺磷就会造成氮素代谢失调，植株生长缓慢，根系、根瘤发育不良，叶片呈红褐色，晚熟且不饱满，出仁率低。

（三）钾素营养

钾素参与有机体各种生理代谢，提高叶片光合作用强度，加速光合产物向各器官运转，并能抑制茎叶徒长，延长叶片寿命，增强植株的抗病耐旱能力，同时，也能促进花生与根瘤的共生关系。钾素在花生各部位的分配，以茎蔓较多，占50%以上，荚果占40%以上。缺钾会使花生体内代谢机能失调，叶片呈暗绿色，边缘干枯，妨碍光合作用的进行，影响有机物的积累和运转。

（四）钙素营养

钙素能促进根系和根瘤的发育，促进荚果的形成和饱满，减少空壳，提高饱果率。同时，钙能调节土壤酸度，改善花生的营养环境，促进土壤微生物的活动。缺钙，则植株生长缓慢，空壳率高，产量低。

此外，各种微量元素，在花生生长发育中也具有一定的作用。钼有利于蛋白质的代谢；花生缺钼，根瘤菌失去固氮能力；硼可以促进钙的吸收，对花生体内输导组织和碳水化合物的运转和代谢有重要的影响；缺硼不但各器官营养失调，而且影响根瘤的形成和发育。另外，镁、硫、锰、铁、锌、铜、镍等都是花生发育所需的微量元素，如缺少某一种元素，都会影响花生的生长发育。

二、花生不同生育时期对养分的吸收能力

花生除种子发芽出苗期需要的养分是由种子供应外，其他各时期所需的养分大部分是从土壤中吸收的。

（一）幼苗期

花生生长发育较慢，需要的养分较少，对氮、磷、钾的吸收量均占全生育期吸收总量的5%左右。

（二）开花下针期

植株生长比较迅速，对养分的需要量急剧增加，对氮、磷、钾的吸收量分别占全生育期总量的17%、22%和22%左右。

（三）结果期

结果期是营养生长和生殖生长最旺盛的时期，也是花生一生中吸收养分最多的时期，氮、磷、钾吸收量分别占全生育期吸收总量的42%、46%和60%左右。

第二节　花生营养元素缺乏时的症状

花生缺氮时，植株黄瘦，叶片窄小，下部叶片黄化甚至脱落，茎枝花青素增加、呈红色，分枝少，棵小，花少；氮素过多，尤其是磷、钾配合失调，会造成植株营养体徒长，生殖体发育不良，叶片肥大浓绿，植株贪青晚熟或倒伏，结果少，荚果秕，同时，与花生共生的根瘤菌也发育不良。

花生缺磷时，根系发育不良，植株生长缓慢、矮小，分枝少，叶色暗绿无光泽、向上卷曲，晚熟低产。由于花青素的积累，下部叶片呈暗绿色，叶缘变黄色或棕色焦灼，随之叶脉间出现黄萎斑点，并逐步向上部叶片扩展，直至叶片脱落或

坏死。

花生缺钙时，种子的胚芽变黑，植株矮小，地上部生长点枯萎，顶叶黄化有焦斑，根系弱小，粗短而黑褐，荚果发育减退，空果、秕果、单仁果增多，籽仁不饱满；严重缺钙时，整株变黄，顶部死亡，根部器官和荚果不能形成。

花生缺镁时，叶色失绿，但与缺氮的叶片失绿不同，缺氮叶色失绿是全株叶片的叶肉、叶脉都失绿变黄；而缺镁叶色失绿，则首先是发生在老叶上，叶肉变黄而叶脉仍保持绿色。

花生缺硫时，叶色变黄，严重时变黄白，叶片寿命缩短。花生缺硫与缺氮的症状难以区别，所不同的是缺硫症状首先表现在顶端叶片上。

花生缺铁时，叶肉和上部嫩叶失绿，叶脉和下部老叶仍保持绿色；严重缺铁时，叶脉也失绿，进而黄化，上部嫩叶全呈白色，久之则叶片出现褐斑坏死组织，直到叶片枯死。铁在花生体内与铜、锰有拮抗作用。

花生缺硼时，植株矮小瘦弱，分枝多，呈丛生状，心叶叶脉颜色浅，叶尖发黄，老叶色暗，最后生长点停止生长，以至枯死；根尖端有黑点，侧根很小，根系易老化坏死；开花很小，甚至无花，并会出现大量的子叶内面凹陷的“空心”籽仁，形成“有壳无仁”的空果。

花生缺钼时，花生根系不发达，根瘤发育不良，结瘤少而小；植株矮小，叶脉失绿，老叶变厚呈蜡质。

花生缺锰时，叶肉失绿变成黄白色，并出现杂色斑点。

花生缺铜时，植株出现矮化和丛生症状，叶片出现失绿现象，在早期生长阶段凋萎或干枯；小叶因叶缘上卷而成杯状，有时小叶外缘呈青铜色或坏死。

第三节　提高花生肥效的措施

施肥是实现花生高产稳产的重要措施，但由于农家肥施用少，化肥施用不科学，不合理，化肥利用率仅有35%左右，与发达国家60%~80%相比差距较大，因此提高肥料利用率非常重要。根据多年生产经验和研究结果，提高施肥（特别是化肥）效益的有效措施有以下几个方面。

一、增施有机肥，培肥地力

有机肥所含养分全面，肥效较长，对改良土壤、提高花生田肥力有重要作用。

二、平衡施肥靠配方

调节和解决花生需肥与土壤供肥之间的矛盾，同时有针对性地补充花生生长所需的营养元素，可实现各种养分平衡供应。

三、改进化肥施用方法

为减少氮素化肥的挥发损失，底肥提前施足，以后的施肥应随撒肥随浇水，使肥料尽快渗入土壤。磷肥应该和有机肥混合（或堆沤）后集中沟施或窝施，尽量减少肥料与土壤的接触，从而防止水溶性磷的固定。同时，有机肥分解时产生的有机酸还可以促进难溶性磷肥的溶解，磷素又能促进微生物的活动，有利于加速有机肥的分解。钾肥的移动性小，宜集中施于花生根群附近。

四、采取各种增产措施

以适宜的密度，安排最佳的播种期，认真防除杂草等，都可使较少肥料发挥出较大的增产效果。反之，如果一味地增加肥料而忽视其他措施的运用，结果是既加大成本，又得不到相应的高产。

第四节　花生常用化肥深施技术

一、碳酸氢铵

由于这种肥料投资少，成本低，生产比较容易，施入土壤后易分解，不残留任何有害物质，适于各种土壤和作物。但是，碳酸氢铵极易以氨气挥发损失，俗称“气肥”。而且温度越高，与空气接触面积越大，分解越快，损失越重。深施后，一是与空气隔开；二是被土壤吸附，防止挥发，才能提高利用率。实验表明，一般深施比表层撒施提高肥料利用率 20%～30%。所以，碳酸氢铵作底肥，开墒后随犁撒入沟内。追肥时用手工或机具顺行开沟，或挖穴，深施后及时覆土浇水。碳酸氢铵是我国目前生产的主要氮肥品种之一。

二、尿素

含氮量高达 46%，极易溶于水，溶液呈中性反应，适于各种土壤和各种作物。施入土壤中的尿素经微生物分泌的脲酶作用，转化生成碳酸铵或碳酸氢铵，被作物吸收利用。若这一转化过程是在土壤表面进行，也可造成氮的大量挥发损失。所以施用尿素时也要求深施 10cm，如果采用表施，则在施后立即浇适量小水。

三、磷肥

如过磷酸钙、钙镁磷肥等。因为磷有被固定和移动性小的

特点，为提高肥效，可条施、穴施或分层施，集中施在根系附近，利于吸收并减少与土壤的接触面积以减少固定。

四、复合肥

如磷酸二铵，因其含磷较高，质量较好，可以条施作基肥，撒犁沟或播种前深耕 10～13cm，再按沟耕种，或者开沟施肥后再平沟播种。如果播种前未施磷肥或者用量较少，可于花生的开花下针期施用，施后浇水。

第五节　花生肥、药的混后施用

在花生生育后期，需要药剂防治病虫害，减轻和避免干热风危害。

根据化学原理，酸性农药是不能与碱性肥料混用的，否则农药极易分解失效。铵态氮肥和水溶性磷肥不能与碱性农药混合，否则肥料的有效成分降低。此外，还要看对作物是否产生不良影响，以及是否提高肥效或药效。将五氯酚钠和氮肥混合能抑制土壤硝化作用，提高氮肥肥效；除草醚、敌稗也可与氮肥混用。

第六节　花生种肥的施用方法

由于种肥集中施在种子附近，对育根壮苗有明显作用，特别是在土壤瘠薄、底肥不足或误期晚播的情况下，施用种肥的增产作用尤其显著。试验证明，每亩用 2.5～4kg 硫酸铵作种肥，每千克肥料可增产小麦 5kg 左右；每亩用过磷酸钙 5～10kg 作种肥，每千克肥料可增产 1.5～3kg。

一、肥料的选择

在选择用种肥时，必须选用对种子或幼芽副作用小的速效肥料。在现有氮素化肥中，硫酸铵的吸湿性小，易于溶解，适量施用对种子和幼苗生长无不良影响，适合作小麦种肥。尿素含氮量高，浓度大，但是含有缩二脲，影响种子萌发和幼苗生长，所以一般不宜与种子混合播种。过磷酸钙易于溶解，在土壤中移动性小，钙镁磷肥无腐蚀性，物理性好，都可作为种肥。磷酸铵含氮、磷量高，作种肥效果最好。优质有机肥可以采用厩肥、牛羊粪、猪鸡粪等，可与氮磷化肥混制成颗粒状作为种肥。此外，有些花生种植区用磷酸二氢钾或细菌肥料进行拌种，或用微量元素作为种肥，均有一定的增产效果。

二、施用方法

硫酸铵与种子混播，每亩用3~4kg，或者按种子量的1/2与种子干拌均匀后混合播种。尿素与种子混播，应严格控制尿素用量，每亩以1.5~2kg为宜，最高不能超过2.5kg，并且随拌随播，最好种子和肥料分播，避免肥料和种子接触，尿素用量可增加到5~8kg。若用颗粒状磷酸二铵作种肥，用量一般为每亩5~10kg，因此既便于混播，又因为含有氮、磷成分，所以增产尤为显著。在种子与种肥混播时，最好用装有土粒或种子的口袋，压在种子箱内的种子上，可以避免种子和种肥混播不匀。

在采用机器播种条件下，如果用氮、磷化肥作为种肥，可以在播种机上加装种肥箱，以便同时下种下肥，无论粉状化肥还是粒状化肥，均可达到集中施肥的效果。

在使用种肥时，有些化肥品种对花生种子和幼苗具有毒害

作用，不宜作种肥，主要有以下几类。

（一）对种子有腐蚀作用的肥料

主要有碳酸氢铵、过磷酸钙。碳酸氢铵具有吸湿性、腐蚀性和挥发性，过磷酸钙对种子有强烈的腐蚀作用，用这些化肥作种肥，对花生种子发芽和幼苗生长会产生严重危害。如必须用这些化肥作种肥，应该避免与种子直接接触，可以将碳酸氢铵在播种沟之下或与种子相隔一定的土层；或者将过磷酸钙与灰杂肥混合后施用。

（二）对种子有毒害作用的肥料

例如尿素，尿素含有缩二脲，其含量如果超过 2%即对种子和幼苗产生毒害作用。另外，含氮量高的尿素分子也会渗入种子的蛋白质结构中，使蛋白质变性，影响种子发芽出苗。

（三）含有害离子的肥料

主要有氯化铵、氯化钾、硝酸铵和硝酸钾。氯化铵、氯化钾等化肥含有氯离子，施入土壤后产生水溶性的氯化物，对种子发芽、生根和幼苗生长极为不利。硝酸铵和硝酸钾等肥料含有的硝酸根离子对花生种子的发芽也有一定的影响，因而不宜作种肥施用。

第七节　花生配方施肥方法

花生与其他作物相比，有 3 个显著特点：一是花生对土壤肥力的依赖性很大；二是花生氮肥用量不宜过大，过大易造成前期生长过旺，后期倒伏减产；三是花生对磷特别敏感，出苗期如果缺磷，造成根系少，下针延迟或不下针，此后缺磷，延迟开花、下针和成熟，造成产量下降。

一、施肥数量

（1）低产田。每亩施用有机肥 3 000kg，标准磷肥 60～70kg，尿素 25kg。

（2）中产田。每亩施用有机肥 3 000～4 000kg，饼肥 50kg，标准磷肥 70～80kg，尿素 25～30kg。

（3）高产田。每亩施用有机肥 4 000～5 000kg，饼肥约 50kg，标准磷肥 80～90kg，尿素约 35kg，钾肥 10～15kg，锌肥 1. 5～2kg。

（4）晚茬地。每亩施用有机肥 4 000kg左右，标准磷肥约 75kg，尿素约 25kg。

二、施肥方法

（1）氮素化肥。对于常年浇不上水的旱薄型低产田，可以用 70%氮素化肥作底肥，30%作为追肥，或全部作底肥；对于沙薄型低产田，采取少量多次的施肥方法，底肥和追肥各半；中高产田可用总氮量的 50%～70%作底肥，30%～50%作追肥。

（2）磷肥。可以全部用作底肥，并且分层施用，70%的磷肥在耕翻前进行撒施，30%在耕播后撒施。

（3）有机肥、饼肥、钾肥和微肥。可以全部作一次底肥。

（4）种肥。每亩施用硫铵 4～5kg，或者选用尿素和磷酸二铵 2kg，但用量不宜过多，以免烧苗。

第八节　花生叶面追肥方法

一、定义

叶面追肥（又称根外追肥），就是将肥料施在作物的地上

部器官，不施入土壤，通过地上部器官（主要是叶片）获取肥料中的有效养分。

二、注意事项

主要是在生育后期，追施何种肥料，要“看天、看地、看长相”，根据具体情况而定。“看天”就是要根据天气情况进行追肥，应选择在晴天无风时进行，雨天喷肥效果不好，喷肥也可和后期病虫害防治结合进行；“看地、看长相”就是根据土壤营养状况、长势、长相确定追施肥料的种类和数量。

（1）开花到结荚，如果出现叶色发黄的现象，就是脱肥早衰，应该重点喷施氮素化肥。每亩用50~60kg的1%~2%尿素或2%~4%硫酸铵溶液进行喷施，增产效果十分显著，一般喷1~2次可增产5%~10%，高时可以增产20%左右。

（2）没有早衰现象的高产田地，一般不再追施氮素化肥；有可能晚熟的地块，不能追施氮素化肥。这两类田地块，应重点喷施0.2%~0.4%浓度的磷酸二氢钾溶液或5%的草木灰水，每亩用50~60kg，都能获得一定的增产效果。一般可提高千粒重1~3g，增产5%以上，高的可达15%左右。

（3）施氮肥较多的缺磷田地应重点喷施2%~4%的过磷酸钙溶液，每亩约用560kg，也能达到促进籽粒灌浆、提高千粒重的效果。

（4）中、低产田地可用氮磷混合喷施，对延缓植株衰老有十分明显的效果。另外，当有干热风时，无论何种田地，喷施磷酸二氢钾或草木灰水等，均有防御干热风的作用。

第九节　花生追施微肥技术

微量元素对花生的生长发育起着不可忽视的作用，如氮、

磷、钾等，科学地增施微量元素肥料是花生优质高产的重要措施。

一、铁肥

花生每形成 1t 干物质，大约需要吸收 264g 铁。缺铁时，植株矮小，分枝少，开花迟缓，花量稀少，根瘤减少，根系发育差，心叶以下的 1～3 片复叶叶肉部分明显失绿，但叶脉仍为绿色。严重时，出现叶脉失绿、黄化，上部叶片呈黄白色，时间久之后，叶片出现褐色坏死斑，直至叶片枯死。在缺铁土壤上施用铁肥，一般可使花生增产 10%以上。

施用方法：一是用作基肥。整地时，每亩施用硫酸亚铁 200～400g 与有机肥或过磷酸钙混合施用。二是作为种肥。在播种前，可用 0.1%硫酸亚铁溶液浸种 24h，捞出后晾干种皮再播种。三是根外喷施。主要用在花生花针期、结荚期或新叶出现黄化症状的时候，可以用 0.2%硫酸亚铁溶液叶面喷施，一般每隔 5～6d 喷 1 次，连续喷施 2～3 次。

二、硼肥

花生每形成 1t 干物质，大约需要吸收 44g 硼。缺硼时，造成植株矮小，分枝也多，植株呈现丛生状，并且展开的心叶叶脉颜色浅，其余部分颜色较深，浅绿相间，叶片小而皱缩，叶尖发黄，逐渐向外扩大。叶缘干枯，叶枕有褐色痕，使叶柄不能挺立，甚至下垂。老叶颜色灰暗，植株开花少甚至无花，根容易老化，扩杈能力弱，须根很少，根尖端有黑点，易坏死，果仁发育不良，易形成有壳无仁的空心果。在缺硼土壤上施用硼肥，可以使花生增产 7.8%～22.5%。

施用方法：一是作基肥。每亩施用硼酸或硼砂 0.2～1kg

与有机肥或氮、磷化肥混合施用。二是作种肥。播种前，用0.02%~0.05%硼酸或硼砂溶液浸种4~6h，或者每千克花生种拌入硼酸或硼砂0.4kg。三是作追肥。每亩用硼酸或硼砂50~100g，混在少量腐熟的有机肥料中，在开花前追施。四是根外喷施。在花生苗期、始花期和盛花期，用0.2%硼酸或硼砂溶液叶面喷施。

三、钼肥

花生每形成1t干物质，需要吸收大约1.32g钼。如果缺钼，造成根瘤菌的固氮作用受阻，表现为典型的缺氮症状；根据国外的研究，即使在完全无钼的情况下，花生也能继续开花结果，只是生长受到抑制。在缺钼的土壤上施用钼肥，可使花生增产11.93%。

施用方法如下。

(1) 作基肥。整地时，亩施钼酸铵50~100g，与过磷酸钙混合施用。

(2) 作种肥。播种前，用0.1%~0.2%钼酸铵溶液浸种3~5h，或用钼酸铵按种子量的0.2%~0.3%拌种。

(3) 根外喷施。在花生苗期和花期，用0.1%~0.2%钼酸铵溶液叶面喷施。

第十节　花生菌肥施用技术

菌肥是由具有特殊效能的微生物经过发酵或人工培制等过程而制成的对作物有特定肥效的生物制剂，其有效成分可以是特定的活的生物体，也可以是生物体的代谢产物或基质的转化物等。在花生生产中常用的菌肥有根瘤菌肥、生物磷肥、生物

钾肥等。根据不同菌肥的特性特点，要采用不同的施肥方法。

一、根瘤菌剂施用技术

近年来，随着科学技术的发展，科技人员采用人工诱变或遗传学的方法，定向选育具有高固氮率的新菌剂，提出了在高产条件下，改善固氮环境，改进接种技术，提高固氮效率的一套新技术，使增产率达到8%~17%，平均达到13%的良好效果。

（一）施用方法

（1）湿种拌干菌。将花生种子先在冷开水中浸泡4~6h，然后捞出，滤出余水，再拌入干的花生根瘤菌剂，使每粒种子都沾上菌剂即可播种。

（2）菌剂盖种。按每亩地用细干土100kg计，将菌剂与细土充分混匀，随播种覆盖在花生种子上。

（3）湿菌拌干种。将菌剂加适量冷开水调成糊状，拌入花生种子，使每粒种子都沾上菌剂，稍晾即可播种。或将花生种子拌菌后，再用1%的甘薯面浆糊作为花生根瘤菌黏着剂，进行“滚球”，在种子外加一层丸衣，然后播种。

（二）注意事项

花生根瘤菌剂是一个生物肥料，若使用不当，增产效果不明显。所以在使用时应注意以下几点。

1. 选用优良的花生根瘤菌及其制剂

在豆科作物中，不同的作物有与其相适应的不同根瘤菌，花生必须接种花生专用根瘤菌，而且要求制剂中含的活菌数多，杂菌少。一般泥炭菌剂每克含活菌10亿个以上。近几年推广的优良花生根瘤菌菌株均有显著的增产效果，接菌比不接菌平均增产19%以上。目前推广的稀土根瘤菌剂和钼肥根瘤菌剂，较常用的草碳根瘤菌剂增产效果更加显著。

2. 保证接种量

根瘤菌剂拌种后，每粒种子上的含菌数虽然很多，但进入土壤后，种子上的根瘤菌因环境改变会大量死亡。所以，使用根瘤菌剂时，一定要保证接种量，增强接入菌和“土著”菌竞争的能力，增加根瘤菌侵入花生的机会。一般接种量为每亩接标准菌剂150~250g，或接商品制剂500~700g。

3. 妥善保存

花生根瘤菌是一种生物制剂，其活菌在阳光下能被紫外线杀死，所以在使用前应放在阴凉黑暗处保存，保存温度不宜超过25℃。购买时要注意生产日期，不要用过期失效的菌剂。

另外，使用时不要与速效氮肥、杀菌剂、炉灰等混合使用，可以分开使用。要培育花生壮株，使花生在整个生育期能够供应根瘤菌充足的碳源，在花生和根瘤菌之间建立起一个高活性、高效率的共生系统。

二、磷细菌肥料

应用磷细菌肥的主要方法有以下几种。

（一）拌种

在菌肥中加入少量的水后拌种，使每粒种子上都沾有菌肥，稍晾干后即可播种。

（二）穴施

将菌肥与一定量的细土混匀，随播种集中撒施在种穴或种沟内作种肥。

（三）堆施

把磷细菌肥与农家堆肥结合施用，即在堆肥中先接入菌肥，使其发挥分解作用，然后将堆肥作基肥翻入土壤，效果较

单施堆肥或单施菌肥更好。

三、钾细菌肥料

钾细菌肥料是人工选育的高效硅酸盐细菌经过工业发酵而成的一种生物肥料。主要有效成分是活的硅酸盐细菌。它能够分解土壤中的长石、云母等矿物质，释放出速效钾供花生吸收利用。经全国各花生产区试用，增产效果显著。施用后主要表现为花生植株健壮，叶色浓绿，分枝多，根系发达，抗旱、抗病能力增强，单株果数和饱果率明显提高，增产率达 10.3%~24.2%，平均增产 18%。

施用细菌钾肥的方法与磷细菌肥的使用方法相同。施用量一般每亩 1kg 左右，使用时注意不要与化学钾肥（如硫酸钾）同时使用，两者之间存在明显的拮抗作用。另外，解钾细菌的繁殖也需要一定的营养供给，在有机质缺乏的土壤中不利其生长繁殖，一般土壤有机质含量低于 0.696g/kg 时，最好采用菌肥与有机肥混合施用的方法，方能达到预期效果。

第十一节　花生灌溉技术

一、花生对水分的需求

花生植株含水量在 70%左右，如果土壤干旱，供水不足，植株的各种生理活动不能正常进行，会产生大量空果、秕果；土壤水分过多时，土壤中空气不足，也会影响根系生长和根瘤菌的生命活动，使地上部生长变慢或停止，严重时会造成烂根、烂针、烂果，甚至全株死亡。花生每生产 100kg 干物质，约需耗水 450kg（包括叶面蒸腾和地面蒸发两部分）。但耗水量多少与土壤类型、品种类型、植株群体大小、当地气候条件及栽培措施有密切关系。春播普通型大花生亩产量在 150～

200kg 时，全生育期耗水量 210~230m³，亩产达到 250kg 以上时耗水量约 290m³；花生在不同生育阶段，耗水量也不同，总的趋势是“两头少、中间多”。幼苗期气温低、植株小，蒸腾和蒸发量都少，需水较少。开花结荚期植株生长加快，群体增大，气温也高，蒸腾、蒸发强烈，是花生耗水量最大时期。到饱果期，营养生长日趋衰退并逐渐停止，叶片蒸腾减弱，气温下降，土壤蒸发减少，耗水量也大大降低。苗期耗水占总需水量的 20%左右，开花结荚期占总耗水量的 50%~60%，饱果期占 20%~30%。

二、灌溉方法

根据花生的需水特点和种植花生的地区多为沙质土壤的特点，灌溉时应注意采取适当的灌溉方法和时期，总的要求是小水慢浇，提高水分利用率，特别是水资源不足的地区，更要注意节约用水。主要采用的灌溉方法有以下几种。

（一）短畦

小水慢浇在有一定水源条件的地区，要配套水泥防渗渠道和地下管道输水系统，田间做成 1~1.5m 宽、3~4m 长的小畦，小水慢浇，一次亩浇水量 20~30m³。要注意畦内平整，浇水均匀。

（二）沟灌

沟灌是在花生行间开沟引水，水在沟中流动，向两侧渗透。这种方法的特点是减轻土壤板结，保持良好土壤结构，不会使土温骤降，节省水量。一般一次亩浇水量不超过 20m³。起垄种植的花生顺垄沟灌溉即可。平作的花生可以畦沟结合，在畦内行间结合中耕培土开沟起垄，灌溉时水至沟深的 2/3~4/5，不能让水漫过畦埂，达到沟水、埂湿、根部潮即可。

（三）喷灌和滴灌

经济条件较好的地区，安装喷灌、滴灌设施进行灌溉，具有节约用水、减少畦埂和沟渠占地、提高土地利用率、不破坏土壤结构、保持土壤疏松、利于根系生长和荚果发育等优点。喷灌比渠灌可节省水量30%~50%，增产20%左右。

滴灌是利用一种低压管道系统，在上面装有许多滴头，分布在田间，水由每个滴头一滴一滴地慢慢滴出，浸润作物根系。这种方式比喷灌更省水，同时也节省劳力。这对于水资源缺乏的山区、丘陵地区有重要意义。由于滴灌为花生不断输送适宜的水分，使根系附近经常保持湿润，同时土壤又能保持良好的通气环境，肥料也可以溶入水中不断供应根部吸收，使花生在良好的环境下生长发育，因此能够显著提高花生产量。滴灌比渠灌每亩增产荚果71.5kg，增产率达28%。

三、灌水时期

根据花生需水“两头少、中间多”的特点，一般在底墒充足的情况下，只要能够出苗良好，尽量不浇水。花针期和结荚期是花生需水最多的关键期，如果出现干旱，应及时浇水，干旱年份需浇水3~4次，正常年份浇水2~3次，需视降雨时间和降水量而定。饱果期如能维持土壤含水量在最大持水量的50%以上时，一般不用浇水，土壤含水量低于最大持水量的40%时，则影响荚果的饱满度和出仁率，要考虑浇水。

另外，在考虑花生灌溉的同时，也要注意排涝。因花生最怕地面积水，在长时间淹渍的情况下，土壤缺乏空气，花生根系呼吸和养分的吸收受到阻碍，根系发育不良，根瘤少，开花节位高，下针困难，烂针、烂果，严重影响产量。所以在降雨集中的雨季，应加强田间排水工作。

排水方法因种植方式不同而异。起垄栽培的垄沟要与排水沟相通，能及时把沟内积水排出去。平作栽培的花生田，要挖好环田排水沟，田间有积水时，挖临时排水沟把积水引出。丘陵坡地要修好堰沟，有控制地排除积水，做到排水与水土保持兼顾。

第四章　花生苗期管理

第一节　花生苗期诊断

一、长势长相

花生幼苗期的高产长相是：叶浓棵壮不过旺，五枝六杈花芽藏；主根深扎根群发，茎粗节密早花放。

二、花生缺素症状及诊断

（一）氮素缺乏症

氮素以硝酸态或铵态被花生吸收，参加花生体内蛋白质、叶绿素、磷脂等含氮物质合成以及一切生理机能中物质代谢过程。氮能促进花生枝多叶茂，多开花，多结果，以及荚果的充实饱满。因而荚果和叶里含氮最多，荚果含氮量占全株总量的50%以上，叶内占30%左右。

氮素不足时，蛋白质、核酸、叶绿素的合成受阻，光合强度低，生长发育不良，植株矮小，叶片淡绿至黄绿色；根系发育不良，主根入土浅，侧根少，根瘤很小，开花结果率也相应的降低，产量低。氮素是能再利用的元素，花生缺氮时，下部叶片首先受害，老叶片中的蛋白质分解，运送到生长旺盛的幼嫩部位去再利用。若蛋白质合成减弱，花生植株体内的碳水化

合物相对过剩，在一定条件下，这些过剩的化合物可转化为花青素，使老叶和茎基部出现红色。

（二）磷缺乏症

磷通常以磷酸态被花生吸收。主要以磷脂核蛋白等复杂的有机状态存在于种仁中，也有少部分以无机状态存在于茎、叶等器官内，成为花生机体的主要成分，并形成较复杂的有机化合物参与机体的代谢过程，调节细胞内原生质的胶体理化性能与胶体平衡，对蛋白质和碳水化合物的代谢起着重要作用。

（三）钾缺乏症

钾能使植株的输导组织和机械组织迅速形成和发育，提高叶片光合作用强度，加速光合产物向各器官运输，保持原生质充水良好和叶片的正常光合作用，并能抑制茎叶徒长，延长叶面寿命，增强植株的抗病耐旱能力。同时，也能促进花生与根瘤菌的共生。

（四）钙缺乏症

钙是花生荚壳的主要成分，能促进细胞分裂和荚壳中细胞间的黏合，同时也是某些酶系统的激活剂。钙具有调节土壤酸碱度的作用，能阻止铅和其他有毒化合物的累积，创造土壤微生物繁殖的适宜环境，促使多种重要元素变为可利用状态。

（五）镁缺乏症

镁是叶绿素的成分，镁素充足，花生生长旺盛，产量高。镁在花生体内移动性较强，可向新生组织转移。幼嫩组织中含镁量高，缺镁时，可以迅速从植株下部老叶向上部嫩叶转移，下部叶片叶绿素减少，叶色失绿（缺氮也是首先从植株下部叶片失绿）发黄。它与缺氮失绿发黄的区别是：缺镁只是叶肉褪绿发黄，叶脉仍是绿色。镁还参与脂肪的代谢，促进维生

素 A 和维生素 C 的形成，缺镁会使花生荚果的含油量和维生素减少，降低花生的品质。

（六）硼缺乏症

硼可以促进钙的吸收，对花生体内输导组织和碳水化合物的运转和代谢有重要影响。花生需硼比禾本科作物多，所以易缺硼。花生缺硼时植株幼茎粗短，常易破裂；植株矮小、瘦弱，分枝多，呈丛生状；心叶叶脉颜色浅，叶尖发黄，老叶色暗，叶边缘发生锈色斑点；根尖端有黑点，侧根很少，根粗短，根瘤很多但无固氮作用，根系易老化坏死；开花很少，甚至无花，荚果和籽仁形成受到影响，出现大量子叶内面凹陷失色的“空心”籽仁。最突出的症状是籽仁“空心”，这种籽仁不能完全发育，两片子叶中间凹陷，中心变为空洞，空洞处常变褐或烘干后变褐；籽仁上形成棕色圆斑，胚芽变黑，降低品质。

第二节　花生苗期田间管理

一、查苗补苗

花生播种后，往往因土壤墒情差，造成缺苗断垄。因此，在花生出齐苗后，应立即进行查苗，发现缺苗时，应及时进行补种或补苗，一般在播后 10d 左右进行。补种要用原品种的种子，催芽后补种。如果育苗补栽，应在田间地头、地角或宽窄行播种的宽行内同时播种原品种花生种子，待花生 2~3 片真叶时带土移栽。无论补种或补苗，都应施肥浇水，以促其迅速生长。

二、清棵蹲苗

清棵蹲苗是促进春花生增产的一项有效措施。它是指在花生基本齐苗后，将花生幼苗周围浮土向四周扒开，使两片叶和子叶叶腋侧芽露出土面，以促进第一对侧枝生长发育，使幼苗生长健壮，为植株多开花、多结果打好基础。

三、中耕锄草

花生苗期一般中耕两次。第一次结合清棵进行，在清棵后15~20d结合平窝进行第二次中耕。

四、肥水管理

花生前期一般不进行追肥浇水，以免旺长。但基肥不足、土壤贫瘠的花生田或麦垄套种的花生田，应根据苗情，及时施肥灌水。因花生前期是根系深扎和扩展的重要时期，同时花芽大量分化而根瘤尚未大量形成，固氮能力尚弱，如肥水不足，幼苗生长瘦弱，对产量影响很大。一般应在团棵期每亩追施尿素5~10kg，过磷酸钙15~30kg，或三元复合肥30kg左右。土壤水分以田间最大持水量的50%~60%为宜，如土壤干旱，最好进行喷灌或小水沟灌，切忌大水漫灌。

第三节　花生化学调控

一、植物健生素

在初花期及结荚期叶面喷施，用量为30g植物健生素兑水40~50kg/亩。

二、生长调节剂应用技术

花生应用生长调节剂，具有促壮苗早发、增果增重、早熟高产的作用。生长调节剂能在花生体内形成控制因子，调节花生的营养生长与生殖生长的平衡，它不但提高了花生的根系活力，促进了根系的吸收和合成能力，形成壮根，而且能提高花生的结瘤性和固氮能力，合理地分配植株吸收的营养物质，形成壮秆，有效降低植株的高度，解决花生徒长的生产难题，使花生的株型向人们设计的方向生长，大大提高花生的抗倒能力，为花生后期的生长打下坚实的基础。

（1）多效唑。多效唑主要用于花生高产田，以控制地上部生长，促进地下部生长，喷施适期以花生单株盛花期至结荚初期为宜。

（2）花多金。每亩用花多金 30mL 兑水 50kg 喷雾，喷后 5~7d 见效，生长减慢，节间变短。视花生生长情况，只要花生一直处于旺盛生长，都可以使用。但不宜过早使用，花生地上部营养生长没有达到一定的叶面积，过早抑制会影响花针的形成和下扎。

（3）花生控旺健粒饱。亩用该产品 100mL 兑水 30kg，在花生盛花期至膨果期，全株喷雾。能调节养分分配，控上促下，增强抗旱、抗涝、抗早衰和抗重茬等功能，能有效解决花生黄叶、叶斑、早衰和落果，增强光合作用，加速干物质积累，并控制藤、蔓旺长，矮化植株，使营养物质迅速向根块地下果输送积累，促进地下果荚迅速膨大、饱满，从而起到增产、增收的目的。

第五章　花生中期管理

第一节　花生中期田间管理

一、看叶色追肥

花针期，花生的根、茎、叶生长迅速，有效花大量开放，大批果针入土。从以营养生长为主转入营养生长与生殖生长并进，对氮、磷、钾肥的吸收也急剧增加，占全生育期需肥总量的22%~33%。所以，此期对基肥不足或长势弱的地块，应追施氮肥，配施磷肥，以促花多、花齐。花生结荚期，植株的营养生长和生殖生长都达到高峰，对氮、磷、钾的吸收分别占全生育期总量的42%、50%和60%，对钙的吸收也很迫切。此期应根据“看长相、观叶色，缺什么补什么”的原则进行追肥。对长势差、叶片蓝绿、心叶浅黄、叶脉失绿的缺氮花生，可追施氮肥；对叶片暗绿、向上卷曲、茎基部红色的缺磷花生，应追施磷酸二铵，并叶面喷施500倍液的磷酸二氢钾溶液；对叶片深绿、边缘干枯、叶面有黄斑、分枝尖端发红、开花下针少的缺钾花生，可追施钾肥或叶面喷施10%草木灰浸出液，连喷2~3次；对幼嫩茎叶变黄、根细弱、植株生长缓慢、空壳率高的缺钙花生，可追施石灰，并配施适量麦糠，以补充钙源，降低土壤酸度，疏松土壤。

二、培土迎果针，提高结荚率

花生始花后适当培土，具有增厚土层、缩短果针入土距离、

促使果针早入土结实的作用，并可为荚果的生长发育创造疏松透气的环境条件，提高饱果率。同时，还能起到中耕除草、抗旱防涝的作用。一般来说，在花生盛花期，田间刚封行，少数果针入土时，选择晴天，抢时间，用小锄把行间或沟中的泥土铲起培在植株基部，培土高度以6~8cm为宜。若花生小行行距在50cm，宽窄行方式在80cm以下者，须在花生地以外取客土培垄。中熟品种培土1次即可，迟熟品种开花下针期长，可在第一次培土后10d左右再进行1次，培土后使垄呈瓦背形。

三、看墒情灌、排水

花生生育中期对水的需求达到高峰。此期耗水量占全生育期的50%~60%，适宜的田间持水量为60%~70%。所以，花生在这段时间十分怕旱。当田间持水量低于60%时就应及时灌溉。浇水宜在早晨或傍晚进行，以喷灌或小水快速沟灌为好，切忌大水漫灌。

花生还有“喜涝天不喜涝地”和“地干不扎针，地湿不鼓粒”的特点。所以，当降雨过多或土壤湿度超过田间持水量的80%时，就要及时排涝。

第二节　花生中期生长调控

花生生育中期最怕徒长。因此，对土壤肥力高、肥水条件好、植株生长偏旺的地块，应进行化学调控。一般在盛花期，当主茎高度超过40cm、主茎日增长量超过1cm时，即应及时喷施多效唑50g/亩，兑水50kg，以控制徒长。喷施时，要对准植株顶端茎叶，快喷快走，防止药液流向果针，影响其生长。

第六章　花生后期管理

第一节　花生后期生长发育特点

一、营养生长逐渐衰退，趋于停止

植株体重量逐渐减少；以生殖生长为主，生殖体重量逐步增加，主要是饱果数和果重大量增加。

二、根的吸收能力显著降低，根瘤固氮逐渐停止

根瘤菌随着根瘤的老化破裂而回到土壤中营腐生生活。

三、株高和新叶的增长接近停止

绿叶面积迅速减少，净光合生产率下降，干物质积累减少。叶片逐渐变黄衰老，中下部叶片大量脱落，落叶率占总叶片数的60%～70%，有30%～40%绿叶片行使光合功能。

四、果针数、总果数基本上不再增加

饱果数和果重则大量增加材增加的果重一般占总果重的50%～70%，是荚果产量形成的主要时期。

第二节　花生后期田间管理

花生后期管理是决定花生产量和品质的关键时期，加强后期田间管理，确保花生优质、丰产、丰收。花生后期管理技术主要有以下几点。

一、根外施肥

花生生长后期根系吸收能力减弱，易出现脱肥早衰现象，如后期出现脱肥现象时可以进行根外喷肥，用1%~2%的尿素水溶液或2%~4%的磷酸二氢钾水溶液，每隔5~7d喷1次，连喷2~3次。以护根保叶，达到抗病增产的目的。

二、保持适宜的土壤水分

花生生长后期需水量不如中期多，但遇旱仍需浇水。如土壤干旱，会影响茎叶光合生产。但浇水量不宜过大，如土壤过湿，影响地下荚果膨大，甚至烂果。

三、促控结合，实现稳产不早衰

花生后期容易出现徒长和早衰，因而要酌情追肥。肥力差的地块，可每亩补施硫酸钾2~3kg，也可补施过磷酸钙10~20kg；在果实膨大期，可根据植株的具体生长情况，进行叶面喷肥，防止早衰，每亩喷施花生类专用肥“绿邦98”50g，每隔7~10d喷施1次，连喷2~4次，可使花生增产10%~15%；如果植株长势弱，还可在肥液中加入尿素200~250g。注意叶面喷肥时要选择早、晚晴朗无风的天气进行，遇雨需重喷。

第七章　花生绿色优质高产栽培新技术

第一节　花生地膜覆盖

一、花生地膜覆盖栽培技术的优点

(一) 提高光合作用强度

由于地膜有反光功能，有助于提高光合作用强度，改善田间小气候，延长花生的生育期，可比裸种提前5~7d播种，开花期提前8~11d，成熟期提早7~10d。

(二) 提高耕层土壤温度

幼苗期增温效果明显，对于5~10cm的土层，沙土或沙壤土的日平均地温可提高3~4℃。

(三) 提高抗旱保墒能力

可使耕层土壤水分保持相对稳定状态，保证苗早、苗齐、苗全、苗壮。地膜覆盖后，0~10cm土层的相对含水量比不覆膜的地块提高27.3%；10~20cm土层的相对含水量提高6.6%。同时，地膜隔离可起到防涝作用，避免因雨水冲刷造成养分损失和土壤板结。

(四) 提高土壤通透性能

地膜覆盖栽培地温高、水分稳定、土质疏松，真菌等微生

物养分总量增加三成，使土壤孔隙度增加，通透性增强，为花生生长发育奠定良好基础。

（五）提高花生产量

为了使花生覆膜大垄双行机械化栽培实现增产增收，采用2BFD-2C型多功能花生覆膜播种机，选择吸肥能力强、适合该机具播种的优良新品种鲁花11或鲁花12，并应用花生增长液。采用在90cm大垄上形成20cm小垄距的大垄双行播种方式，单株结果数平均多1.7~2个，饱果率提高17.8%，出仁率提高4%，提高土地利用率25%，增收400元/hm^2。

（六）提高经济效益

花生覆膜大垄双行机械化栽培技术为农机户提供了致富门路，带来一定的经济收入。

二、花生地膜覆盖栽培技术

花生地膜覆盖栽培技术具有上述优点，因此已被农民群众接受，并应用于花生生产中。但由于有些农户对机械化地膜覆盖栽培关键技术掌握不全面，需要掌握以下内容。

（一）选择适宜机型

要选择技术先进、性能可靠、适合本地区栽培技术的优质覆膜播种机作为推广对象。一般选定青岛万农花生机械有限公司生产的2BFD-2B/C型花生覆膜播种机作为主要推广机型。该机可一次性完成镇压、筑垄、施肥、播种、覆土、喷药、展膜、压膜、膜上筑土带等作业，工效是人工作业的30倍。

（二）重视整地环节

播种前地块耕整规范与否直接影响覆膜播种作业质量。只有在地膜覆盖严密、不透风、不漏气的情况下，才能充分发挥

保墒、增温这一优势。栽培前一定要旋耕整地，要求地表平整、疏松、无杂物、温度适宜。如果整地不平整、不细碎、有根茬，地膜容易被刺破，势必影响地膜覆盖严密性及播种深浅一致性，不能达到保温、保墒及苗齐苗壮效果。如果施农家肥，要在旋耕整地之前均匀抛撒在地里。

（三）选择优良品种

品种选择至关重要。采用地膜覆盖栽培，花生种一定要选择高产、优质中晚期品种，如鲁花9、鲁花10、鲁花14，白沙1016等。发芽率应在95%以上，且种粒大小均匀、完整。种子还需药物处理，最好包衣，以防治病虫害。

（四）选用合适地膜

地膜应优质透光，薄厚均匀，厚度在0.05~0.06mm较为适宜。膜太厚幼苗不能自行钻出；膜太薄又容易破裂。地膜要有一定的拉伸力，膜卷应紧实整齐，卷中无断头、扭曲、破裂等现象。

（五）选择合适播期和播量

花生覆膜播种作业，应在距离地表5mm，土壤温度稳定在12℃左右时进行，覆膜播种一般比普通露地播种提前15d左右，这样可以充分保证花生在生长期内生长（花生的生长期一般在130d左右）。播种量为195~270kg/hm^2，可依据品种不同加以选择。行距280mm，穴距170~200mm，每穴双株。一般每公顷施尿素75~150kg、磷酸二铵150~225kg、硫酸钾150~225kg。

（六）做好播种作业

播种前一定要按播种机厂家说明书的要求，把主机、播种机安装调试好，并试播3~5m，待一切正常后再大面积作业。

若不进行机具精细调整，会出现排种不均匀、深浅不一致、地膜覆盖不严或苗带覆土过少等问题，影响正常出苗。作业时若机具不能直线行驶，也会造成地膜扭曲、覆盖不严、撕裂等现象，影响作物生长和产量增加。

第二节　花生的套种、间作、复种

一、花生与麦子套种

（一）轮作换茬，深浅轮耕，改良土壤结构

1. 轮作换茬

小麦花生两熟制栽培可有效减轻重茬减产幅度，但小麦花生连年重复种植对花生产量也有一定的影响。定位试验表明，在以小麦为主体的两熟制栽培体系中，后作花生重茬 1 年，荚果减产 2%；重茬 2 年，减产 7.1%。因此，小麦花生两熟制最好与小麦玉米或小麦棉花实行 1∶2 或 2∶2 的轮作。这对减少土壤病虫为害、维持土壤微生物种群平衡、调节土壤养分余缺等均是有益的。

2. 深浅轮耕

经常适度深耕，可打破犁底层，增加耕作层通透性，有利于作物根系的充分发育，是小麦花生两熟制重要增产措施。据试验，连年浅耕（<20cm）的土壤深耕（25~30cm）后，可使小麦花生增产 10%以上；但在一定年限内，深耕次数与增产量无明显正相关关系。例如，3 年内进行 1 次、2 次、3 次深耕的 3 个处理，小麦花生两作全年混合产量相差不到 2 个百分点，表明每年重复深耕是没有必要的。试验和实践表明，每 3~4 年深耕 1 次，既可起到深耕的增产作用，又可降低生产成

本和避免犁底层的出现。深耕一般在轮作周期当年秋天小麦施肥后进行，深度为25~30cm，深耕年的施肥量比常年可适当增加。

3. 压沙改良黏土

通透性差，不利于花生荚果发育及小麦、花生根系生长，应加以改良。压沙是改良黏质土壤常用的有效方法。另外，实行秸秆还田和增施有机肥等，对改善土壤质地和耕层结构也有明显效果。

（二）选择适宜的种植模式

适宜的种植模式是实现小麦花生两熟制双高产的基础。目前小麦套种花生两熟制双高产栽培的种植方式主要有大垄宽幅麦套种、小垄宽幅麦套种和小麦30cm等行距套种。

1. 大垄宽幅麦套种

小差畦宽90cm，畦内起宽50cm、高8~10cm的垄，垄沟内播一条20cm的小麦宽幅带。麦收前40~60d，在垄上覆膜套种2行花生，垄上行距30cm左右，穴距15~18cm，每亩播8 230~9 880穴。此方式适合年积温较低、无霜期较长的地区。

2. 小垄宽幅麦套种

秋种时，用不带犁铧的犁扶一小垄，垄距40cm。垄沟内，用一宽幅耧播一条5~6cm的小麦宽幅带，小麦行距34~35cm。于麦收前20d左右，在垄上用花生套种耧套种1行花生，穴距16~18cm，每亩播9 300~10 500穴。该方式适合于年积温较高、无霜期较短的地区。

3. 小麦30cm等行距套种

小麦30cm等行距套种。于麦收前15~20d，在麦行间平地（不起垄）套种1行花生。穴距19~22cm，每亩播10 000~

11 500穴。该方式适合于年积温高、无霜期短的地区。

（三）实行小麦花生一体化施肥

1. 小麦花生一体化施肥效果

在小麦花生两熟制栽培体系中，前茬小麦施肥不仅可使小麦当茬增产，而且有后效作用，在一定范围内，随前茬施肥量增加，后效作用增强，最高时可达到花生当茬施肥增产量的2倍。在前茬小麦增肥的基础上，花生当茬施肥仍具有明显增产效果。在一定范围内适当重施前作小麦肥，有利于提高两作产量，特别是花生产量。例如，当前后两作分别每亩施10kg和12kg氮肥（全年22kg）时，小麦、花生分别平均每亩产量476kg和433kg，而当前后两作分别每亩施氮肥15kg和6kg（全年21kg）时，小麦、花生分别平均每亩产量483kg和456kg，花生增产显著。

2. 小麦花生一体化施肥方案

综合近年来小麦花生两熟制双高产一体化施肥研究结果及生产实践，在质地良好、中等以上肥力土壤上，小麦花生每亩产量300~400kg，两作全年需每亩施有机肥3 000~4 000kg，化肥施纯氮16~20kg，五氧化二磷9~12kg，氧化钾12~14kg。每亩产量400~500kg高产栽培，全年需每亩施有机肥4 000~5 000kg，化肥施纯氮17~25kg，五氧化二磷15~22kg，氧化钾17~20kg。其中有机肥全部作小麦基肥，氮、磷化肥小麦占70%~75%，钾肥占75%~80%。产量低、施肥量少、土壤保肥水能力强的田块，前作施肥比例可适当提高，反之，可适当增加后作花生的施肥比例。

（四）合理搭配品种

小麦花生两熟制双高产栽培品种选用的原则为：一是尽量

减少小麦在时间和空间两个方面对花生的影响；二是充分利用花生生长季节光热资源，提高花生增产潜力。小麦应选株型紧凑，株高偏矮或中等，抗病、抗倒伏，早或中熟偏早品种。大垄宽幅麦宜选分蘖成穗率较高的中、大穗品种，以穗多粒大为基础，力争多拿穗粒数。小垄宽幅套播麦和小麦 30cm 等行距套播麦，宜选用中穗型或多穗型品种。花生品种应以中熟大果为主，适当配以早熟大果，这类品种潜力大，稳产性好，能较好地利用生长季节内光热资源。可选用海花 1 号、鲁花 9 号、鲁花 11 号、鲁花 14 号、花育 16 号、花育 17 号、潍花 6 号、丰花 1 号等。据试验，这些中、早熟大果品种可比白沙 1016 等早熟中果品种增产 10%~20%。

（五）精细整地播种，确保苗齐、苗全、苗匀、苗壮

1. 小麦整地与播种

在小麦施足基肥的基础上，进行耕耙。有墒抢墒，无墒造墒，以确保小麦出苗齐、全、匀、壮。耕耙要适时，耕后要耙透、耢细，消除明暗坷垃，切忌漏耕漏耙。

2. 小麦播种时间

日均气温以 16~18℃ 为宜，年前>0℃ 的有效积温达到 600~650℃。小麦适宜播种期为 9 月 25 日至 10 月 10 日。小麦基本苗大垄宽幅麦控制在 10 万~15 万株。在适宜范围内，适期偏早或品种分蘖力强或土壤墒情好的，基本苗可适当减少，反之可适当增加。

3. 精细播种

播前种子要精选，并根据下列公式计算出亩用种量。提倡药剂拌种或种子包衣，以预防地下害虫为害，造成缺苗断垄。播种时，作畦要规格，下种深浅一致（3~4cm）。出苗后要及

时查苗补苗，确保苗全、苗匀。

$$亩用种量=\frac{每亩预定基本苗\times千粒重（g）}{1\ 000\times1\ 000\times净度\times发芽率\times田间出苗率}$$

4. 花生种子准备与套种

花生套种前2~3周将花生肥开沟深施在花生垄内。种子剥壳前要先晒种2~3d，以提高种子发芽率。套种前1周左右剥壳，并进行分级粒选。墒情不足可结合浇小麦提前造墒，适墒时再播，也可先播种后浇水。大垄宽幅麦覆膜套种花生应严格按规范化覆膜栽培技术规程进行。露栽花生套种时，可用竹竿制成“人”字形架，一人在前边分开小麦，随后开沟（穴）按密度要求的穴距播种，穴距要匀，每穴2粒种，播后随即覆土。也可用花生套种耧套种。注意深浅一致（3cm左右），切忌过深或过浅，影响幼苗齐、全、匀、壮。

（六）小麦田间管理

1. 前期（出苗至越冬）

此期的主要任务是浇好越冬水。此水不仅有利于小麦安全越冬，而且可促进分蘖，增加穗数。越冬水适宜时间是在日均气温降至7~8℃开始，到4~5℃时结束。对弱苗田可结合浇水，每亩追施尿素5~7kg，浇水后应抓住适墒进行划锄。

2. 中期（返青至挑旗）

小麦返青后，高产田正常年份不宜施肥浇水，主要任务是划锄，提高地温，促苗早发，控制大量无效分蘖滋生，以减少土壤养分消耗。起身至拔节期是小麦肥水管理的重点时期，此期管理水平对小麦穗数、粒数和粒重均有重大影响，分蘖成穗率低的大穗型品种或苗情差、群体不足的麦苗，肥水应在起身前后进行，以提高分蘖成穗率；分蘖成穗率高的品种或群体

充足、苗情健壮的麦苗，肥水宜延至拔节前后进行。挑旗至孕穗期，若有脱肥现象，可视苗情每亩追施尿素 5～10kg，追肥后及时浇水，以改善植株营养状况，保证花粉良好发育，提高结实率和穗粒数，延长灌浆期绿叶功能期，增加粒重，提高产量。

3. 后期（抽穗至成熟）

小麦抽穗后，一般不再追肥，田间管理重点是结合麦套花生适时适量浇水和防治病虫害。一般情况下以浇水 2 次为宜，一为花期水，二为灌浆水。花期水宜在抽穗至开花进行。正常情况下尽量避免浇麦黄水。小麦生育后期气温高而干燥，有条件的可少量多次浇水，这样有利于降温、保湿、保根、保叶，增加粒重和产量。抽穗以后是小麦病虫为害盛期，应特别加强对蚜虫、锈病和白粉病的防治。小麦最适收获期是腊熟期，此时收获既可获得最高产量，又可及早释放花生幼苗。

（七）花生田间管理

1. 前期管理

前期管理主要包括浇水、破膜放苗、治虫、灭茬等。由于足墒套种，花生在出苗期一般不要浇水，如遇干旱种子有落干现象，应顺麦垄小水沟灌，以确保苗匀苗齐。覆膜花生在花生子叶顶土时及时破膜放苗。麦收后 5～7d 内灭茬松土，清除杂草。露栽花生套种前未施花生肥的田块，应在麦收后花生始花前结合第二次中耕松土，在花生植株一侧或两侧开沟追施如数肥料，施后掩土浇水。

2. 中期管理

自始花起用多菌灵等农药每隔 10～15d 叶面喷施 1 次，连喷 3~4 次；夏季高温多湿，棉铃虫易发生，发现后应及早防治。

结荚期若发现地下蛴螬、金针虫为害，可用辛硫磷等农药灌墩。盛花期前后遇旱应及时浇水，以提高花生结实率。露地栽培花生封垄前应注意防止杂草为害。防除杂草的方法有中耕和化学防除两种。化学防除是用50%的乙草胺乳油，每亩100mL兑水50~60kg，进行地面喷施，有效期可达1个月或更长时间。若始花至封垄前能喷2次，可基本使花生整个生育期内无杂草为害。接近封垄时，穿沟培垄，使高节位果针入土结实。培土要做到沟清、土暄、垄腰胖、垄顶凹。有杂草的田块应先清除杂草后培垄。7—8月高温多雨季节，若发现植株顶部出现黄白心叶，应及时叶面喷施0.2%~0.3%硫酸亚铁水溶液加以防治。麦套花生生长前期由于受小麦遮光影响，茎枝基部节间较单作春花生细而长，高产条件下更易发生倒伏，当株高达到35~40cm时，应及时在叶面喷施多效唑或壮饱胺，以控制徒长。

3. 后期管理

用含氮、磷、钾为主的多元复合叶面肥每隔7~10d喷施1次，连喷2~3次，以养根保叶，提高饱果率。饱果期遇旱应及时小水润浇，水量不宜过大，以免延误收获，造成烂果，遇涝应及时排水。露栽套种花生收获期可适当延至9月底到10月初，以不耽误下茬种小麦为准，一般不要提前收获。

二、花生与甘薯间作套种

花生与甘薯间作是利用甘薯扦插时间晚，前期生长缓慢，花生播种早、收获早，争取季节，充分利用地力与光能，在影响甘薯很少的情况下，增收一定数量的花生。

（一）间套方式和密度

花生间作甘薯主要有1∶1、2∶2、4∶1、3∶1等方式。1∶1的间作方式，即在每条甘薯垄（畦）的同侧半腰间种1

行花生，花生穴距 16~26cm，每亩间作 2 500穴。2∶2 间作方式是每 2 条甘薯垄（畦）的相邻两侧的半腰各种 2 行花生，间作密度同 1∶1 方式，其优点是可将甘薯茎蔓引入未间作花生的垄沟，对花生影响小。3∶1 的间作方式是在每条甘薯垄（畦）的两侧半腰分别间作 1 行和 2 行花生。

（二）花生和甘薯管理

无论采用哪种间作方式，均应选用早熟、丰产、结果集中的珍珠豆型花生品种，以便早熟早收，为甘薯后期生长发育创造良好的条件。花生收获后，要加强甘薯管理，保持甘薯垄的原形，以利甘薯膨大。甘薯品种应选用生育期短、能够晚播早收的短蔓型品种。特别是与秋花生间作，由于秋花生播种期受生长季节限制，更应选择生长势强、扦插成活快、生长期短而耐寒性强的甘薯品种，以获得花生、甘薯双丰收。花生与甘薯间作，只要品种搭配合理，技术措施得当，可以获得良好的效果。

三、花生地套种芝麻

（一）套种方式和密度

畦作花生，花生、芝麻采用 3∶1 或 6∶2 的方式间作，每亩芝麻留苗 0.2 万~0.3 万株，花生每亩 6 000~8 000穴。芝麻品种以豫芝 4 号、中芝 12 号、皖芝 1 号和豫芝 11 号等单秆型品种为宜。花生品种以豫花 15 号、鲁花 8 号和皖花 4 号等为宜。垄作花生，垄宽 0.8~0.9m，高 30cm，一垄 2 行花生，每亩 6 000 ~ 8 000 穴；花生播后 10 ~ 15d，芝麻种植在垄背（腰）上，株距 18~20cm，每亩 2 000~3 000株。

（二）芝麻管理

芝麻要选用丰产性好、中矮秆的中早熟品种，减少对花生

后期的影响。花生封垄前要中耕，及时间苗、定苗，初花期要注意追施速效氮肥，成熟后及早收割。芝麻与花生间作套种是高矮秆搭配，芝麻苗期生长缓慢与花生没有营养矛盾，芝麻开花后生长快，但花生已形成根瘤能提供给植株氮素，后期在营养吸收上也没有剧烈矛盾。

四、花生与西瓜间作

（一）间套方式和密度

花生间作西瓜是近几年发展起来的一项高效益间作方式，在山东、河南、江苏、安徽等地有较大的种植面积。花生间作西瓜的种植有 4∶1 和 6∶2 等规格。4∶1 的种植规格是 4 行花生间 1 行西瓜。种植带宽 1.8~2.0m，西瓜沟宽 50~70cm。花生小行距 30cm，穴距 16~20cm，每亩种植 7 000~9 000穴；西瓜株距 40cm，每亩种植 800~900 株。6∶2 的种植规格是 6 行花生间 2 行西瓜，花生行距 44cm，穴距 18cm，每亩种植 5 500穴。西瓜 2 行间小行距 70cm，大行距 3.3m，株距 40cm。

（二）花生和西瓜管理

西瓜应选用早熟优质品种，花生应选用早、中熟高产品种。西瓜应提前 40d 采用阳畦营养土育苗，在北方大花生产区一般应于 4 月下旬移栽，并可用薄膜拱棚保护地栽培。花生一般于 5 月初播种，播种前应施足基肥。

五、花生与甘蔗间作

在四川、广东、福建、广西、江西等地甘蔗产区适合种花生的地块，利用甘蔗春发较迟、前期生长缓慢的特点，在甘蔗的行间间作花生，在甘蔗基本不减产的情况下，可以获得一定的花生产量。甘蔗间作花生的种植规格有 1∶1、1∶2、1∶3

等。即甘蔗间作1~3行花生，甘蔗行距宜在1.0m以上。花生应选用早熟高产品种，适时早播，适当增加种植密度。花生播种前要重施基肥，增施磷肥，一般每亩应施土杂肥2 000~3 000kg，普通过磷酸钙30~40kg。

六、果林地间作花生

利用果树、桑树、油茶、茶叶及用材幼林间隙间作花生，不仅可以增加花生产量，增加收益，而且可以减少土壤冲刷，提高土壤保水保肥抗旱能力，促进果林丰产。

果林地间作花生，花生的种植规格和密度应根据林木空间的大小、树龄和树木生长势的强弱而定。幼林树冠小，根群分布的范围也小，间作花生可离树干近一些，成林树冠大，根群分布范围也大，间作花生可离树干远一些。一般情况下，幼林间作花生，边行花生可距树干35~70cm，成林间作花生，边行花生可距树干70~100cm。间作花生的种植密度因土壤肥力、花生品种而异，一般行距为26~40cm，穴距为16~20cm。间作时，花生要施足基肥，果树林木也要根据其需肥规律施足肥料，以解决与花生争肥的矛盾。花生要选用早熟局产品种。

七、花生与棉花间作

这种间作方式，实际上是在麦棉套的基础上，以麦、棉两作套种（六二式）为主，一年三熟制的间作套种方式，当小麦成熟收获前15~20d，在麦垄内点种花生。小麦收获后棉花呈宽窄行种植，宽行140~160cm，窄行40cm，花生为200cm等行距，每亩1 500~2 000穴。小麦亩产250kg以上，皮棉45~50kg，花生75~100kg。

八、花生与烟叶间作

间作方式为 2 行花生 1 行烟叶，这种方式烟叶的密度基本不变，花生密度有所减少。一般烟叶行距 89cm，株距 40cm，每亩 1 800株。在烟叶行内间作 2 行花生，株距 20.6cm，每亩 5 500穴左右。

九、花生与玉米间作

间作就是将不同种类的农作物间隔种植在同一片土地中，通过不同农作物对土地肥力的不同需求，来帮助土地的利用效率得到提升的同时，还能确保农作物可以从土壤中获得充足的生长营养，是一种比较常见的科学种植方式。

（一）选取合适花生玉米种子

要确保间作少耕的模式可以取得预期的高产效果，在进行花生玉米种子选取的过程中，必须谨慎对待，除了考虑当地本身气候环境外，还应该确保所选取的花生玉米种子之间能够起到相辅相成的生长作用。因此，可以选取耐阴抗寒的花生品种，早熟、高产量、植株高低适度的玉米品种。

（二）对种子进行种植前处理

在花生—玉米间作的模式中，玉米种子不需要进行太多的预先处理，但花生对于种植前的准备工作要求比较高，因而一定要对其进行精细处理。一般来说，花生种入土地前的需要将最外面的硬壳剥掉，提前处理的时间大概为 10d，处理时间不能太早，否则花生种子容易受到破损，但也不能太迟，种子太湿的情况下容易在土壤中发生霉变。花生种子必须带有外层的红衣，可以防止土壤中的病害传播。再者花生种子在选取的过程中还应该尽量挑选饱满、无破损的颗粒，与特定药剂按规定

比例混合均匀，确保药剂分布在花生红衣表面后，将花生种子分散晾干。

（三）对种植土地进行整理

在进行花生与玉米的种植之前，还需要对耕种的土地进行平整处理。如果花生种植是在春季进行，但春季的天气比较干燥，容易发生干旱，使土壤中水分含量不足。因此需要在上年的秋季平整土地，提升土地对春旱的抵抗能力。一般情况下，为了减少翻地带来的水土流失现象，并不需要每年深翻土地，而是每隔四五年进行一次，但翻耕的深度必须达到 35cm 以上。

（四）采取合适的播种方式

花生—玉米间作模式中，播种时使用专用的播种器械，提前调整好播种器之间的间距，选择 5 月上旬的某一个气温合适的天气进行种植。在种植过程中除了种苗之间的间距需要严格确定之外，还需要对覆土的厚度进行精确掌控，太厚的覆土容易造成种子出现腐烂破损，而太薄的覆土则又无法起到保温的效用，不利于种子的发芽生长。种植花生或者玉米时，一定要提前将上年种植遗留的玉米茬或者根系等切割去除，避免这些杂物堵塞种植器械。此外，花生种子的种植点要与玉米的种植点之间留出足够的间距，如此后期花生的生长才不与玉米争光、争水、争肥。

（五）按照作物生长需求合理施肥

在花生和玉米的生长过程中，要按照作物的实际生长需求来进行合理施肥，施肥量不可过多，防止肥料的浪费，甚至烧死作物根系，施肥量过少则会造成作物生长营养不良，影响作物的品质。玉米生长过程中需要施加含有有机质、氨基酸、氮磷钾等元素的复合肥，此外，在玉米生长的大喇叭口期还需要

追加一定量的尿素。而花生生长过程中也需要施加同样配比的复合肥，但每亩施加的肥料量是玉米的1/2，在花生开花过程中还需要喷洒一定的叶面肥，整个花期需要喷洒两次。要注意的是给花生施加底肥时要将种子与肥料分开，保障种子能够吸收营养但不会被烧死。

（六）处理田间生长的杂草

花生和玉米在种植期间，田间会不断生长出杂草，杂草的生命力更旺盛，会与花生和玉米抢夺土壤中的营养，进而影响作物的生长以及最终产量。因此需要对田间的杂草及时清理。除了在杂草生长出之后将其剔除，还可以在杂草未生长出之前，在土地的表面喷洒一层“药膜”来防止杂草发芽生长，即现代农业耕种中比较常用的封闭除草方式。药膜需要在种子播撒完成，但作物幼苗还没有真正生长出来之前喷洒。在喷洒药膜之前要注意天气，最好是无风的天气，避免药物在喷洒过程中被风刮走，无法有效覆盖种植区域。

（七）两次适时铲趟

如果气温较低，对于作物的生长比较不利，因此在花生生长过程中，种植人员需要进行两次的铲趟来提高土壤的温度，以便于花生的根系能够在土壤中更好地生长，进而提高产量。第一次铲趟发生在花生的全部植株生长出来之后，能提高土壤温度，第二次铲趟则发生在花生开花之前，这一次的铲趟深度更深一些，且铲趟完成之后还需要轻轻压一压，帮助将土壤推压至花生根系附近，为花生的结果提供最有利条件。

（八）对作物进行病虫害防治

条锈病及大小叶斑病是玉米主要的病害，玉米虫害主要为玉米螟、红蜘蛛、蚜虫等，玉米可在5~6叶期每亩地喷施20g的20%吡虫啉加多菌灵50~60g进行病虫害防治，每亩地用

30mL 的 3.2%阿维菌素防治红蜘蛛，在防病治虫过程中可加入磷酸二氢钾、锌肥以增加粒数及粒重。在防病治虫期间，可对花生施用磷酸二氢钾等肥料，有利于开花、授粉与果实膨大。

(九) 在适合的时机收获作物

玉米与花生的收获期都在 10 月左右，具体的收获时间可根据作物本身的生长状态以及该阶段的天气状况来选定。当花生地面上的植株叶片已经开始变黄，尤其是距离地面最近的叶片已经变黄，就说明花生已经成熟，种植人员可先挖取一株花生植株，查看其底部的花生果实，剥开后花生红衣已经是粉色或者红色了，就可以大面积采收，要以最快的速度将其采收完毕，避免花生在土壤中埋藏太长时间，花生果实与根系脱离，影响花生的最终产量。玉米的采收也大致相同，此外，收获的花生与玉米均需要及时晾晒，避免堆积在一起，水分无法挥发，造成作物果实发霉。

十、与粮、菜等作物复种

(一) 小麦、花生、甘薯分带种植三作三收

小麦、花生、甘薯分带种植三作三收是重庆市河川区农技站试验成功的适于丘陵地区瘠薄地推广的一种高产高效种植方式。采用该项种植技术，每亩可产小麦 166.5kg，鲜甘薯 1 250.0kg，花生 200.0kg，与同样条件下种植小麦、玉米、甘薯相比，单位面积产量增加 41.9%，产值增加 36.9%，纯经济收益提高 92.9%。其主要栽培技术如下。

1. 种植规模

当年将地翻耕整平，以 170~200cm 为一复合带划带定畦，每一复合带划成甲、乙 2 个对等畦，每畦宽 85~100cm，分别种植作物。甲畦种小麦，小麦收获后栽甘薯，甘薯收后种冬绿

肥；乙畦种冬绿肥，冬绿肥收后种花生，花生收后种生育期短的蔬菜（如小白菜），蔬菜收后种小麦。翌年两畦互换种植。

2. 适期播种

小麦应选用晚播早熟、矮秆、抗病、抗倒伏、产量高的中早熟品种，以利缩短与花生的共生期，减轻对花生的荫蔽。花生应选植株较矮，株形紧凑、开花结果集中的中早熟品种，以确保伏旱到来之前花生能安全开花下针，保证既能发挥花生的高产优势，又能减轻花生对甘薯的荫蔽。甘薯应选择适应性强、中短蔓型、结薯早而集中、抗病力强、高产优质、干物质含量高的品种。小麦播种期应根据品种特性，在适宜的播期内争早播，每畦播 4~5 行。花生播种期应根据小麦收获期确定，以与小麦的共生期不超过 35d 为宜。花生播种前先在绿肥畦大穴施肥，绿肥收获后播种 3~4 行花生，边行花生距麦行 16.5cm，穴距 20~23cm，每亩种植 5 000穴，垄高 33cm，株距 25cm。

3. 科学管理

实行带状轮作多种多收后，单项作物播种面积有所减少，而单位面积总产量却相应提高，必须科学施肥。在施肥种类上，要以有机肥为主，化肥为辅，氮、磷、钾配合施用。在施肥方法上，要底肥深施，追肥开沟、刨穴集中施，施后盖土。小麦要在 3 叶期前追肥，用量视土壤肥力及产量指标而定，一般每亩施用尿素 10kg。花生出苗后，在小麦收获前 15~20d，开沟一次性深施肥，用量视土壤肥力及产量指标而定，一般每亩施用尿素 7.5~10.0kg，普通过磷酸钙 15~25kg，土杂肥 1 500~2 000kg，并浇清粪水 2 000~2 500kg。甘薯要进行根外追肥，以保证生育期的养分供应，延长叶片功能期，提高产量。

(二) 小麦、花生、玉米三作三收

1. 选地与施肥

选择土层深厚，肥力中等以上，并具有较好的灌溉条件的沙壤土。根据土壤肥力、产量指标、种植方式等因素，进行测土施肥。实行一体化施肥方法，即小麦、花生、玉米 3 种作物所需要的基肥，在冬小麦整地时一次施入，一般亩施土杂肥 4 000~5 000kg、氮（N）8~10kg、磷（P_2O_5）6~7kg、钾（K_2O）5.0~7.5kg。根据 3 种作物的需肥规律进行追肥。一般小麦起身时亩追施速效氮（N）6~7kg。玉米在小麦收获后结合中耕灭茬亩追施有机肥 1 500kg、氮（N）4kg、磷（P_2O_5）4kg、钾（K_2O）4.5kg，穗期亩施氮（N）5kg。花生在小麦收获后，结合中耕灭茬亩追施氮（N）4.5kg、钾（K_2O）2.5kg，花针前期亩追施（N）3~5kg、磷（P_2O_5）10kg。

2. 种植规格

目前进行 2 种规格，一种是种植带宽 3.6m 或 3.9m，其中畦面宽 3.0m，或 3.3m，畦中播种 11 行或 12 行小麦，小麦行距 30cm，小麦行间套种花生，每亩套种 8 000~9 000穴。畦背宽 0.6m，在畦背上套种 2 行玉米，每亩确保 2 000株以上。另一种是种植带宽 2.8m，畦面宽 2.4m，畦背宽 0.4m，畦面小麦行间套种花生，畦背套种 1 行玉米，玉米采取间隔双株留苗法，以确保玉米种植密度。

3. 适时套种

小麦选用适于晚播、早熟、矮秆、抗倒伏、抗逆性强的高产品种，如鲁麦 21、鲁麦 15、鲁麦 18 复壮系，876161 等。花生选用增产潜力大的品种，如鲁花 14、鲁花 9 号、8130 等。

玉米选用株形紧凑、矮秆抗倒伏、单株增产潜力大的品种，如掖单13号、西玉3号等。花生套种适期为小麦收获前15~20d，玉米套种适期为麦收前7~10d，为确保花生、玉米一播全苗，应结合浇麦黄水，做到足墒套种。

4. 科学管理

小麦应在精细整地、足肥、足墒的基础上，提倡精播、半精播。生育期管理，以增加冬前分蘖，安全越冬，春季早发为目标，抓好冬前划锄、浇冬水、早春追肥等措施，以达到穗大、粒重、粒饱。花生管理按照前促、中控、后保的原则，小麦收获后及时中耕灭茬、追肥、浇水，盛花期后重点控制徒长，在主茎高度达到35~40cm时，适时进行化学控制。生育后期注意防治叶斑病，进行根外追肥，以提高饱果率，增加单位面积产量。

（三）花生、小麦、大豆三作三收

花生、小麦、大豆间套复种三作三收是适于沙地有水浇条件花生产区的一种高产高效栽培模式。

1. 种植规格

以1.2m为一种植带，花生占地70cm，小麦占地50cm。小麦播种前进行整地，施肥起垄，垄顶宽70cm，留种花生，垄沟宽50cm，播种3行小麦，确保基本苗30万株/亩，5月初，在垄上播种2行花生，密度为8 000~10 000穴/亩，小麦收获后，在沟中心播种1行大豆。

2. 适期播种

小麦品种以矮秆、抗倒伏、大穗、大粒型品种为佳。该类型品种产量较高，对花生影响小。花生应选用增产潜力大的品种。大豆选用早熟（生育期90d）、抗倒、矮秆品种。冬小麦

应在适期范围内尽量早播，增加冬前分蘖，确保冬前成穗，以便适期早熟收获，缩短与花生的共生期。花生播种期应比纯作春花生晚播 5d。大豆应于小麦收获后抢时早播。

3. 科学管理

小麦收获后花生应适时浇水，并结合浇水亩追施尿素 10kg，并根据花生生长情况，叶面喷施磷酸二氢钾 2～3 次。生育后期注意防治叶斑病。

(四) 小麦、冬菜、春花生、秋菜四作四收

1. 种植模式及规格

冬小麦播种前，整地起垄，垄距 90cm，垄顶宽 50～60cm，垄沟宽 30～40cm，沟底 14cm 播种 2 行宽幅小麦，垄面播种 2 行菠菜（或其他冬菜）。翌年 3 月底至 4 月上旬菠菜收获后，在垄面上播种 2 行花生，花生小行距 30cm，穴距 15～17cm，每亩播种 9 000～10 000穴。6 月中下旬小麦收获后，在沟内播种 1 行秋黄瓜（或其他秋菜），穴距 60cm，每亩 1 200株左右。

2. 整地施肥

秋耕深 25cm 以上，整平地面，耙细土壤，确保耕层土壤上松下实。根据小麦、花生、蔬菜、黄瓜四作物的总需肥量进行统筹安排，合理施用，将总施肥量的 60%，结合秋耕施入土壤，20%～30%在花生播种时施于花生垄内，10%～20%作秋菜基肥在小麦收获后施于垄沟内。

3. 品种选配

小麦选用矮秆、大穗型、大粒、早中熟高产品种，以减轻对花生的荫蔽，依靠穗大、粒重获得高产。花生选用中熟大果、增产潜力大的高产品种。黄瓜应选用茎蔓短、雌花节位低、结瓜早的品种。

4. 科学管理

花生与小麦、冬季蔬菜、秋季蔬菜间套复种，对各种作物的田间管理，除根据各作物的生育特点进行外，要针对复合群体，尽量发挥同一技术措施的互作、互补、互用效果。如小麦浇冬水，要与菠菜苗期灌水相结合；花生播种底墒水要与灌小麦返青—起身水相结合；黄瓜播种保苗水，要与花生下针结荚水相结合；花生保果水，要与黄瓜中期水相结合，做到一水两用。花生最好采用带壳早播覆膜栽培法，以便提前播种，既减轻对小麦造成的影响，又能发挥地膜对小麦的提温、保墒效果，做到一膜两用。

(五) 花生、西瓜、大白菜三作三收

1. 种植规格

每 1.8m 为 1 条带，移栽 1 行西瓜，西瓜株距 45cm，每亩栽植 830 株左右。西瓜行间作 3 行花生，花生小行距 30cm，边行花生距西瓜 60cm，花生穴距 20cm，每亩间作 5 500穴左右。花生大行距间跨西瓜垄套作 2 行大白菜，大白菜小行距 40cm，边行距花生 40cm，株距 30cm，每亩留苗 2 500株。

2. 整地施肥

在深耕整平的基础上，冬前按种植规格，每 1.8m 挖 1 条宽 50cm、深 40cm 的西瓜沟，东西向条带在北侧挖，南北向条带在西侧挖，翌年谷雨前后灌水沉实，灌水前结合回填土施足肥料。一般每亩施土杂肥 2 500kg、纯氮（N）20~25kg、磷酸二铵 5.0~7.5kg、草木灰 75kg。花生播种时，每亩施尿素 5kg、普通过磷酸钙 7.5kg 作种肥。大白菜播种时，每亩施尿素 10kg、普通过磷酸钙 15kg 作基肥。

3. 适期播种

西瓜选用中熟丰产品种；花生早播的应选用早、中熟品种，晚播的应选用早熟品种；大白菜应选用早熟耐热品种。西瓜在温暖地区应于3月中旬阳畦育苗，4月中旬带土钵大苗移栽，起小垄覆盖地膜。花生于4月中旬播种。大白菜于7月中下旬西瓜拉秧后播种。

4. 科学管理

西瓜采取双蕾留枝法，留第二个瓜，并实行人工辅助授粉，以提高坐果率。西瓜拳头大小时追施攻瓜肥，一般每亩追纯氮（N）5kg，追肥后随即浇水。生育期注意西瓜枯萎病、炭疽病，以及蚜虫等病虫害防治。花生应注意防旱排涝，防治蚜虫、蛴螬等虫害和叶斑病等病害。大白菜应适时追肥浇水，防治大白菜根腐病、霜霉病等病害和菜青虫、蚜虫等虫害。

第三节　花生连作

连作花生要想不减产，应抓好以下几项主要技术措施。

一、模拟轮作

所谓模拟轮作，就是在花生收获后，在花生茬上种植其他作物，生长一段时间后，不待成熟，即行收获或翻压，达到轮作的效果，模拟一作，可增产10%以上，模拟二作，增产效果更明显。

模拟轮作方式如下。

（1）花生—菠菜—芥菜等十字花科蔬菜—花生。即在花生收获后播种菠菜，菠菜可在11月收获食用，翌年早春顶凌播种芥菜，4月上旬翻压。

（2）花生—小麦—芥菜等十字花科蔬菜—花生。即花生收获后播种小麦，封冻前结合冬耕翻压小麦，翌年早春顶凌播种芥菜，4月上旬结合施肥翻压。

二、土层翻转改良耕地

土层翻转改良耕地法是将一定厚度的心土翻转于地表，既加厚土层，又改变了连作土壤的理化性状及生态环境，为花生生长创造了良好的条件。据在连作7年的田块上试验，采用土层翻转改良耕地法较常规耕深20cm增产17.1%~29.6%，且田间杂草发生量、花生叶斑病的发病率、病情指数等均有明显降低。

土层翻转改良耕地法的具体方法是，先将地表0~20cm或25cm的土层平移于下部，再将20~25cm下的5~10cm土层翻转于地表，形成5~10cm厚的全封闭表土层。

采用土层翻转改良耕地法应注意的问题如下。

（1）翻土时间应在冬前或早春。

（2）20cm以下土壤质地过于黏重的地块慎用。

（3）必须适量增施速效肥料，并接种根瘤苗，以促进花生前期生长。如无条件采用土层翻转改良耕地法，则应采用大犁深耕，以加厚土层，并翻上部分生土，也有一定的增产效果。

三、重施连作花生专用肥

连作花生专用肥是根据连作花生的需肥特性及连作土壤中的养分含量情况，合理搭配了氮、磷、钾比例及铁、钼、硼，并配合施用生物钾肥及蛋白质含量高的有机肥。肥料用量应比轮作花生加半或加倍，达到每亩施用氮10kg、磷15kg、钾

20kg 以上。

四、覆膜栽培

由于地膜的增温保湿及改善土壤物理性质的效果，从而促进了土壤微生物的活动。据测定，覆膜土壤中的微生物总数较不覆膜土壤多 32.6%～37.65%，其中放线菌增多 61.4%～87.5%，氨化菌增多 8.5%～11%，磷细菌增多 30%～33.2%，钾细菌增多 59.7%～60.2%。这对由连作而引起的细菌、放线菌大幅度减少有一定的补偿作用。所以，连作花生要获得高产，必须采用地膜覆盖栽培，覆膜栽培方法同一般高产田。

五、加强管理，防虫保叶

据多年调查测定，连作花生的病虫草害一般较轮作花生为重，所以应加强管理，注意防治。

（1）播种时采用 10% 辛拌磷粉粒剂盖种（每亩用量 0.5kg），以防治地下病虫及苗期害虫。

（2）生育后期注意叶斑病的防治。在田间病叶率不超过 10%时，叶面喷洒 1∶2∶200 倍的波尔多液，每隔 10～15d 喷 1 次，连续喷 3～4 次。或在田间病叶率达 10%～15%时，开始喷洒 50%多菌灵可湿性粉剂 800 倍液，每隔 10～15d 喷 1 次，共喷 2～3 次。

六、花生—晚稻水旱轮作栽培

（一）种植效益

晚稻水旱轮作种植模式，每年推广面积均在 350hm^2 以上，早季花生平均每亩产量约 350kg，由于推广本地小籽优质花生品种，售价格较高，鲜花生现场收购价达 13 元/kg，每亩产值

为4 550元，若是农户自己加工成干熟花生，成品花生售价达18元/kg，每亩产值为6 300元。晚稻每亩产量为550kg左右、产值为1 650元。该种植模式每亩年产值为6 200～7 950元、纯收入在4 500元以上。

（二）茬口安排

花生于3月下旬至4月上旬（清明前后）播种，7月中下旬收获，晚稻于6月下旬播种育秧，7月下旬插秧，11月上中旬收获。没有实行水旱轮作的园地种植花生需要经过2～3年的轮作，推广水旱轮作后翌年可继续种植花生，一般情况下每3年轮作1次。

（三）品种选择

花生品种选择本地的优质、抗病、稳产的小荚“拔头籽”（俗称“六月籽”）种植。晚稻品种选用生育期适中的高产优质杂交组合种植，如“甬优17”“中浙优8号”“中浙优10号”“湘两优396”等。

（四）春花生栽培技术

1. 种子处理

播种前10～15d，晒种2～3d，剥壳剔去病虫粒、伤粒，秕粒，挑选饱满、生命力旺盛的花生粒作种子，播种前先用“适乐时”种衣剂进行拌种，每100kg种子用0.1～0.2kg，或在播种前用1%磷酸二氢钾+50%多菌灵浸种。

2. 整地施肥

花生的适应性较广，但以在土层深厚、质地疏松、排水方便、保水保肥性强的沙壤土上栽培较好。播种前先深耕30～35cm，并将地面耙平，清除残余根茬、石块等杂物，每亩施优质土杂肥2 000kg。结合起垄每亩施尿素10～15kg、钙镁磷

肥 50~60kg、硫酸钾 15~20lkg。按畦宽 70~80cm、畦距 40~50cm、畦高 20~25cm 的规格作畦，并保持畦面细平。

3. 适时播种

春花生于 4 月上旬前、耕作层 5cm 的地温稳定在 12℃时播种。

4. 合理密植

每畦种 2 行。每行距畦边 15cm，中间小行距 30~40cm，穴距 18~20cm，播深 3cm，每亩播种 1 万~1.2 万穴，每穴播 2 粒种。播种后每亩用 50%乙草胺乳油 50mL 兑水 50kg 均匀喷洒畦面防除杂草。

5. 田间管理

（1）前期管理。抓好查苗补苗工作，缺苗较多时要催芽补种，缺苗较少时，移苗补栽。小苗出土后 7~10d 要及时进行浅耕。主茎 4~6 片复叶时，每亩叶面喷施 0.1%钼酸铵 l5kg 进行根外追肥，隔 5~7d 再喷 1 次。

（2）中期管理。

①喷施矮壮剂：始花后 30~35d 每亩叶面喷施 15%多效唑 50~60g 兑水 50kg，均匀喷于顶叶，隔 10~15d 再喷 1 次。

②及时追肥：初花期每亩施氮磷钾三元复合肥 15~20kg，穴施或浇施，花生易缺钙，要视苗情补施钙肥。

③中耕培土：开花盛期要进行中耕，当第一批果针入土后、第二批果针刚长出时进行第一次深耕培土，第二次高培土在盛花期进行。

（3）后期管理。

①做好叶面喷肥：在结荚后期和饱果始期，叶面喷施 0.2%~0.3%磷酸二氢钾水溶液或 2%~3%过磷酸钙液，每亩喷 50~60kg，每 7~10d 喷 1 次，连喷 2 次。

②做好排灌工作：花生全生育期既要防旱，又要注意排涝。当土壤含水量低于10%时要及时浇水，雨季来临时尤其是生长后期要及时挖好排水沟，防止田间积水烂果。

6. 适时收获

头茬花生饱果指数达60%以上时就可适时收获，如不及时收获，不仅发芽果、烂果数增加，影响花生品质，而且还会影响晚稻的栽插。

(五) 晚稻栽培技术

1. 培育壮秧

适当控制播种量，每亩大田用种量为0.75kg，秧龄掌握在30d内，秧苗1叶1心期喷施多效唑，施肥时适量控制氮肥，培育根系发达的矮壮苗，苗高控制在30cm以内，确保单株带茎蘖2个以上，插秧时做到秧苗带肥、带药、带土下田。

2. 肥水管理

围绕“前期早管促早发，中期稳长攻大穗，后期巧管防早衰”的田管目标，重施基肥，早施蘖肥，巧施穗肥。一般每亩施纯氮12.5kg，$N:P_2O_5:K_2O$为1：0.4：0.8，氮肥施肥方法：基肥占70%、蘖肥占20%、穗肥占10%。

水管上掌握浅水插秧活棵，薄露发根促蘖，施分蘖肥，要求田面无水，结合施肥灌浅水，达到以水带肥的目的。当茎蘖数达到预期苗数的70%~80%时开始多次轻搁田，控制每亩最高苗在25万苗，出现营养生长过旺时要适当重搁田。倒2叶期采用干湿交替灌溉，以协调根系对水气的需求，直至成熟。

3. 防秋寒

前期抢苗，确保晚稻在9月下旬前齐穗，在破口抽穗期若

遇寒流需提前灌深水保温防苗，并喷施九二零促齐穗。当气温回升后，要及时排水露田，提高土温，促进根系健壮生长，并适当补施热性肥料。

第四节 麦茬秸秆覆盖花生高产栽培技术

根据麦茬花生生长发育的特点，选择麦茬秸秆覆盖花生免耕播种机械化技术，不需要灭茬、耕翻等作业环节。小麦收获后直播花生，可以减少播种机械作业成本，便于施肥，出苗整齐，提高花生播种质量和效率，利于花生规模化生产。

一、技术特点及适应范围

麦茬秸秆覆盖花生免耕播种机械化技术，是指前茬小麦收获后，播种机械直接进入麦茬地，按照最佳的播种行距、穴距、施肥量进行机械化施肥播种作业的一种复式作业技术。该技术可一次完成秸秆捡拾粉碎、种床准备、深施种肥、精量穴播、播后镇压、播后秸秆均匀覆盖地表等作业工序，实践中各项技术指标，均符合花生播种的农艺要求，具有作业效率高、播种质量好等特点，省工省时。该技术保证了花生播种质量，使小麦—花生倒茬轮作规模化生产效率大大提高。

二、播种前期准备工作

（一）作业机械设备

遵循农机农艺融合要求，农业机械必须具备良好的机械性能。一般选用 73. 5kW 以上的轮式拖拉机牵引作业，播种机械由清理、施肥、播种、地轮等部分组成。秸秆清理就是将小麦秸秆捡拾粉碎，横向抛撒出去，创造干净的播种环境，完成播

种前的种床准备。施肥单元按照农艺要求的施肥量到种子侧下方均匀排肥。播种单元是核心工作机构，主要功能是开沟、播种、覆土镇压。地轮分左右两个，主要掌控机具的作业深度以及为施肥提供动力。

正式作业前，进行机具性能检查，如各转动件是否灵活、传动机构是否正常、种肥管下端出口是否堵塞、肥料是否有架空现象等。

农机驾驶人员必须熟悉所使用农业机械的原理、构造、性能、特点，认真阅读使用说明书，充分了解机具结构、使用特点、调整方法、安全要求等，方可操作机械。

（二）适时播种

（1）前茬播种小麦时应整平地面，使花生播种时，平坦的地表利于机械化作业，机械行驶平稳，深浅易调节掌控，深浅一致。播种时土壤耕层含水量应达到田间持水量的 70% 以上，墒情不足的地块，应在麦收前 5~7d 灌水造墒。轮作倒茬，能够使用地与养地结合起来，达到培肥地力的目的，可以与玉米、谷子、棉花、甘薯等轮作，不能与大豆、芝麻、烟草轮作。前茬小麦重施基肥、有机肥，麦收前 10d 浇小麦落黄水，小麦收获后立即播种。

（2）由于麦茬秸秆覆盖花生免耕播种机械化技术，采用的是一穴一粒精量播种，为保证后期苗齐，避免出现缺苗断垄而影响产量，应选择发芽率高、增产潜力大、品质优良、综合抗性好的早熟、中早熟品种，具有生育期短、产量稳定、结果范围集中、株型直立特点的中小果型品种，如鲁花 14 号、丰花 1 号、冀花 7 号、豫花 11 号等。另外，品种选择应根据当地市场销售需求，慎重跨区域引进新品种。播种前 10d 晒果 2~3d 去果壳，选择色泽新鲜、粒大饱满、种仁大小一致、无

霉变伤残的籽仁，包衣处理，确保苗齐苗全。施用种肥时，其应为颗粒状、大小均匀，防止堵塞影响施肥。

（三）机械播种要求

（1）种床处理。麦茬秸秆覆盖花生免耕播种机械化技术，最大的优势是清理种床，为播种创造良好的环境。播种机的秸秆清理单元，将地面秸秆捡拾粉碎，并横向抛撒出去，使种床干净便于后期播种。与此同时，被抛撒的秸秆均匀分散到已播种的地表，起到覆盖保墒作用，腐烂后变废为宝，实现秸秆还田保护生态环境。

（2）行距、穴距、播深的调整。播种机采用窝眼轮式排种器，内部是单腔三窝眼轮结构形式，窝眼轮齿将种子带到排种口，实现精量播种。行距的调整是通过改变播种单体之间的距离实现的，穴距的调整通过改变播种器的挡位控制器完成。播种深浅决定出苗的数量和质量，播种深度调整，转动调整手柄，调整限深轮的高度，逆时针转动手柄，提升地轮，机架下降，加大了播深，反之播种深度变浅。

（3）精准施肥精量播种。种机肥料仓底部的地轮转动，通过链条传动带动排肥器施肥。根据目标产量明确施肥量多少，实现精量合理施肥。导肥管与播种机的开沟器相连，将肥料施在播种行的一侧，与种行错开，避免后期出现烧种、烧芽、烧苗现象。

（4）播种单元一般由 4 个播种单体构成，每个播种单体由种箱、排种器、开沟器、覆土镇压轮、传动链条等组成。播种工作时，开沟器进行挖土开沟，覆土镇压轮转动，通过传动轴链条等带动排种器转动，种子由播种开沟器上方掉入播种沟内，之后覆土镇压轮再进行覆土镇压，完成播种作业。

（5）播种注意事项。通过试播，调整作业参数，确保作

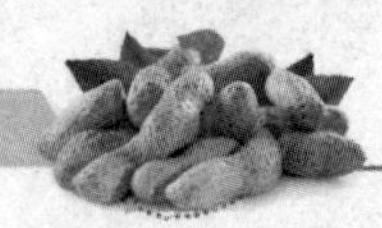

业效果最大限度地符合农艺要求，播种过程中，多观察，勤检查，防止重播漏播。

三、田间管理的措施

（一）夏花生生育特点

夏花生生长期100~110d，比春花生短30~40d。生长期间高温多雨，生长发育迅速，因此各个生育期相应缩短，有“三短一快一高”的特点。“三短”一是播种到始花期短，比春花生短15d左右；二是有效花期短，有效花量少是影响结果数的主要因素，一般7月中旬始花到8月初为有效花期，仅15~20d；三是饱果成熟期短，比春花生短20d左右，是夏直播花生饱果少、果重轻、产量低于春花生的基本原因。“一快”生育前期生长速度快。“一高”在产量形成期光合产物分配到荚果的比例明显高于春花生，因此有高产潜力。

“三短”是花生高产的限制因素，“一快一高”是高产优势。必须针对夏花生生育特点制定田间管理措施。

（二）田间管理的措施

1. 播种后喷施除草剂

夏花生播种后一般5~8d出苗。

2. 苗期管理

苗期是指出苗到始花15~20d，查苗补苗，催芽补种，带土移栽，栽后立即浇水，齐苗后防蚜虫，清棵，两片子叶外露。土壤含水量保持在50%~60%，苗期耐干旱，适当干旱植株紧凑健壮，利于扎根，抗倒伏。出苗率低的原因，连作重茬、土壤板结，密度过大，底肥不足。

3. 花针期管理

花针期是指从50%植株开始开花到50%植株出现鸡嘴状

幼果。对肥水要求很高，此时花生基本合垄，以喷施叶面肥的方式追施磷、钾、钙肥，时间7月初。含水量小于50%时必须浇水。适时控旺，在大批果针入土时期，第一批入土的荚果有小指头肚粗，第二批果针头部似鸡嘴状，株高30~35cm，控旺最佳。同时还要防治叶斑病、红蜘蛛等病虫害。

4. 结荚饱果期管理

此时根系活力下降，叶片脱落，喷施叶面肥防早衰。注意防旱排涝，干旱时小水润浇。

第八章　花生主要病虫草鼠害绿色防控

第一节　花生病害

一、花生根结线虫病

（一）病害症状

花生根结线虫雌成虫梨形，乳白色，口针基部球略向后倾斜。雄成虫蠕虫形，头区低平，唇盘与中唇融合，无侧唇。

（二）发病规律

花生根结线虫以卵、幼虫在土壤中越冬，包括土壤和粪肥中的病残根上的虫瘿以及田间寄主植物根部的线虫。因此，病土、带有病残体的粪肥和田间寄主植物是花生根结线虫的主要侵染来源。田间传播主要通过病残体、病土、带线虫肥料及其他寄主根部的线虫经农事操作和流水传播。根结线虫在卵内蜕第一次皮，成为2龄幼虫侵染花生根部。幼虫在土温12～34℃均能侵入根系，最适温度是20～26℃，4～5d即能侵入，土壤含水量70%左右最适宜根结线虫侵入。花生根结线虫病多发生在沙土地和质地疏松的土壤，尤其是丘陵地区的薄沙地、沿河两岸的沙滩地发病严重。

（三）防治技术

（1）农业措施。花生产区实行花生与玉米、小麦、大麦、

谷子、高粱等禾本科作物或甘薯实行2~3年轮作，能大大减轻土壤内线虫的虫口密度，轮作年限越长，效果越明显；深翻改土，通过营造良好的生长条件，增强花生抗病力，减轻病害，特别是增施鸡粪。

（2）抗病品种。选育和应用抗性品种是防治花生根结线虫病的重要途径。鲁花9号和79-266对花生根结线虫具有高抗性。

（3）生物防治。国外应用淡紫拟青霉菌和厚垣孢子轮枝菌进行生物防治能明显降低线虫群体数量和消解其卵。

（4）化学防治。播种时每亩用10%克线丹颗粒剂3 000g或20%灭线磷颗粒剂1 500~1 750g，或3%克百威颗粒剂5 000g沟施；或10%噻唑膦颗粒剂移栽前处理15~20cm土层，先施药后播种，随施随种；发病初期，用1.8%阿维菌素3 000倍液淋根。

二、花生黑斑病

又称花生晚斑病。

（一）为害症状

病菌在叶片背面产生黑色的分生孢子座，分生孢子梗暗褐色、丛生，聚生于分生孢子座上，梗粗短，多数无隔膜，末端膝状弯曲。分生孢子倒棒状，较粗短，橄榄色，多胞，具1~8个隔膜，以3~5个隔膜居多。

（二）发病规律

黑斑病菌以菌丝体或分生孢子座随病残体遗落于土壤中越冬，或以分生孢子黏附在花生荚壳、茎秆表面越冬。翌年以分生孢子作为初侵染和再侵染源，借风雨传播，从寄主表皮或气孔侵入致病。

（三）防治技术

（1）选用抗病花生品种。

（2）合理轮作，平衡施肥，提高花生抗病能力；加强田间管理，花生收获后及时清理田间病残体，减少越冬菌源。

（3）适时喷药预防和治疗，一般在花生播种后70~80d开始喷施苯并咪唑类、三环唑类药剂，共喷施2~4次，每次间隔7~10d。

三、花生网斑病

花生网斑病，又称褐纹病，是花生上发生最为严重的叶部病害之一。近年来，花生网斑病每年造成花生产量损失达20%以上。

（一）为害症状

花生网斑病主要为害叶片，茎、叶柄也可受害。一般先从下部叶片发生，其叶部症状随发病条件的不同而表现两种典型症状：一种为网纹型，侵染初期菌丝体以菌索状生存于叶表面蜡质层下，呈白网状，随后从侵染点沿叶脉以放射方式向外扩展，呈星芒状，随病斑扩大，颜色有白色、灰白色、褐色至黑褐色，形成边缘不清晰网状斑，病斑不能穿透叶片；另一种为污斑型，侵染初期为褐色小点，逐渐扩展成近圆形、深褐色污斑，边缘较清晰，周围有明显的褪绿斑，此时病斑可穿透叶片，但叶背面病斑稍小。

病斑坏死部分可形成黑色小粒点，为病菌分生孢子器。叶柄和茎受害，初为褐色小点，后扩展成长条形或椭圆形病斑，中央稍凹陷，严重时可引起茎、叶枯死。叶柄基部有不明显的黑褐色小点，为病菌的分生孢子器。

花生网斑病菌在25℃恒温条件下培养，PDA培养基上最

初为白色菌丝，并向四周水平生长，一般2~3d后菌落中央开始变色，呈毡毛状，菌丝致密，坚韧，而菌落的边缘始终保持白色并形成一个白色的环，菌落呈近圆形生长，后期菌落颜色逐渐加深。

（二）发病规律

花生网斑病一般从花针期开始发生，8—9月为盛发期。病菌以菌丝、分生孢子器、厚垣孢子和分生孢子等在病残体上越冬。翌年主要以分生孢子和厚垣孢子进行初侵染。条件适宜时，当年产生的分生孢子借风雨、气流传播到寄主叶片上，萌发产生芽管直接侵入。花生网斑病的发生主要与气候条件和栽培条件关系密切。该病发生及流行适宜温度低于其他叶斑病害，湿度往往是该病发生流行的一个限制性因素，在花生旺盛生长的7—8月，持续阴雨和偏低的温度对病害发生极为有利，尤其是阴湿与干燥相交替的天气，极易导致病害大流行；该病平地明显重于山岗地；田间郁蔽，通风透光条件差，小气候温度降低、湿度大，花生网斑病易发生。

（三）防治技术

（1）选用抗病品种。抗性较好的品种（系）主要有P12、群育101、花育20、鲁花4号、鲁花10号和鲁花11等，可因地制宜地采用。

（2）改进栽培技术。轮作换茬，可与甘薯、玉米、大豆等作物轮作；深耕深翻，减少土壤表层菌源；增施肥料，提高抗病力。

（3）清除病残体及土壤表面消毒。花生播种后3d内，用25%百科（双苯三唑醇）可湿性粉剂，或80%DTM可湿性粉剂或代森环或60%多菌灵，均用500倍液地面喷雾，封锁土壤中菌源，减少初侵染源，上述药剂可与乙草胺混配喷洒，兼除杂草。

(4) 化学防治。发病初期，叶面喷 70%代森锰锌可湿性粉剂 500 倍液，或 50%多菌灵可湿性粉剂 600~800 倍液，7~10d 后再喷施 1~2 次 10%苯醚甲环唑水分散粒剂 1 500倍液、12. 5%烯唑醇可湿性粉剂或 30%苯甲·丙环唑悬浮剂 3 000倍液，任选其一。

四、花生锈病

(一) 为害症状

花生叶片受锈菌侵染后在正面和背面出现针尖大小淡黄色病斑，后扩大为淡红色突起斑，随后病斑表皮破裂散发出红褐色粉末状物，即病菌夏孢子。

(二) 发病规律

花生锈菌夏孢子可借助气流远距离传播，每年夏季热带气旋将锈菌孢子带到亚热带和温带地区。气流传播的夏孢子是主要初侵染源。锈菌也可随落粒自生的染病植株、带病菌荚果和种子传播。条件适宜时，夏孢子可以进行多次再侵染，在田间形成发病中心。受气候因素影响，花生锈病在不同年份间的发病程度和产量损失差异较大。

(三) 防治技术

(1) 选用抗锈病的花生品种。

(2) 加强栽培管理，注意田间排水防渍害，降低田间湿度。

(3) 发病初期选用三唑类、胶体硫、代森锌、百菌清等进行防治，每隔 7~10d 喷药 1 次，连续 3~4 次。

五、花生褐斑病

花生褐斑病又称花生早斑病，花生生长后期与花生黑斑病常混合发生，有人将两者合称叶斑病。该病是世界性普遍发生的病害，在我国花生产区均有发生，是我国花生上分布最广、为害最重的叶部病害之一。一般导致花生减产10%~20%，严重的达40%以上。

（一）为害症状

花生褐斑病主要为害叶片，严重时叶柄、茎秆也可受害。初期形成黄褐色和铁锈色针头大小的病斑，随着病害发展，产生圆形或不规则形病斑，直径达1~12mm；叶正面病斑暗褐色，背面颜色较浅，呈淡褐色或褐色，气候潮湿时，在叶片正面产生灰绿色霉层；病斑周围有明显的黄色晕圈；在花生生长中后期形成发病高峰，发病严重时叶片上产生大量连片病斑，叶片枯死脱落，仅剩顶端少数幼嫩叶片；茎部和叶柄病斑为长椭圆形，暗褐色，稍凹陷。

（二）发病规律

花生褐斑病一般6—7月开始发病，7月下旬至8月中下旬为病害盛发期。病菌以子座、菌丝团或子囊腔在病残体上越冬。翌年条件适宜时，菌丝直接产生分生孢子，借风雨传播进行初侵染和再侵染。通常子囊孢子不是病菌主要侵染源。在适宜的温、湿度条件下，分生孢子反复再侵染，促进病情发展，至收获前可造成几乎所有叶片脱落。花生生长季节夏季、秋季多雨，昼夜温差大，多露、多雾，气候潮湿，病害发生重，少雨、干旱天气则发生轻；花生不同生育阶段植株感病程度差异明显，通常生长前期发病轻，中后期发病重；幼嫩叶片发病轻，老叶发病重。

（三）防治技术

（1）种子消毒。可用种子重量0.5%的50%多菌灵可湿性粉剂拌种。

（2）化学药剂防治。发病初期可选择喷施50%多菌灵可湿性粉剂600~800倍液、70%代森锰锌可湿性粉剂400~500倍液；随着病情发展和雨季的来临可选择喷施2~3次10%苯醚甲环唑水分散粒剂1 500倍液、30%苯甲·丙环唑悬浮剂3 000倍液、43%戊唑醇悬浮剂3 000倍液、40%戊唑·多菌灵悬浮剂1 000倍液、10%己唑醇悬浮剂1 000倍液等，同时可加入有机硅等增效剂。

（3）加强栽培管理。适期播种、合理密植、施足基肥，避免偏施氮肥，增施磷、钾肥，适时喷施叶面肥。加强田间管理，促进花生健壮生长，提高抗病力，减轻病害发生。

六、花生灰斑病

（一）为害症状

病菌初始侵染受伤害或坏死组织，而后扩散到叶片的新鲜组织。病斑近圆形或不规则形，初为黄褐色，继而变为紫红褐色，后期病斑中央渐变成浅红褐色至枯白色，上面散生许多小黑点，即病菌的分生孢子器，边缘有一红棕色的环，病斑常破裂或穿孔。经常多个病斑连成一片，形成更大坏死斑。

（二）发病规律

病菌以分生孢子器在田间的病组织内越冬，翌年条件合适时，分生孢子随气流传播到花生植株上，分生孢子萌发侵染叶片。田间分生孢子通过气流传播。

（三）防治技术

（1）选用抗（耐）病花生品种。

（2）合理轮作，加强田间管理，合理施肥。提高花生抗病能力。

（3）适时喷药预防和治疗，发病早期可喷施苯并咪唑类、三环唑类药剂间隔 7d，喷施 2~3 次。

七、花生疮痂病

花生疮痂病削弱植株长势，引起提早落叶，一般病田减产 10%~30%，严重病田损失在 50%以上。

（一）为害症状

花生疮痂病主要为害花生叶片、叶柄、茎秆，也可以为害叶托等部位。病害最初在植株叶片和叶柄上产生大量小绿斑，病斑均匀分布或集中在叶脉附近。随着病害发展，叶片正面病斑变淡褐色，边缘隆起，中心下陷，表面粗糙，呈木栓化，严重时病斑密布，全叶皱缩、扭曲。叶片背面病斑颜色较深，在主脉附近经常多个病斑相连形成大斑。随着受害组织的坏死，常造成叶片穿孔。

叶柄发病时，形成褐色病斑，初期圆形或椭圆形，随着病情发展，病斑稍凹陷，呈长圆形或多个病斑汇合连片，严重发生时叶片提早死亡。

茎秆发病时，经常多个病斑连接并绕茎扩展，呈木栓化褐色斑块，有的长达 1cm 以上。病害发生严重时，疮痂状病斑遍布全株，植株矮化或呈弯曲状生长。

（二）发病规律

花生疮痂病初发期一般为 6 月中下旬，7—8 月为病害盛发期。该病菌主要是以分生孢子及厚垣孢子在病残体上越冬，并成为翌年初侵染源，病株残体腐烂后可能以厚垣孢子在土壤中长期存活，分生孢子通过风雨向邻近植株传播，逐渐形成植

株矮化、叶片枯焦的明显发病中心。该病菌具有潜伏期短、再侵染频率高、孢子繁殖量大的特点。发病早晚与降雨持续时间长短、降雨日数、降水量关系密切；持续性降雨可促使疮痂病发病早、蔓延迅速和大面积暴发成灾。降雨延迟到9月上中旬，疮痂病仍可侵染发病。

（三）防治技术

（1）加强花生品种的选育、引种和抗性品种的推广。各地区主栽品种由于种植时间较长，混杂、老化、退化问题严重，抗病性差。感病品种主要有粤油5号、天府11、金花21、泉花10号和汕油523等；中感品种有濮花16、汕油71、白沙1016和黔花生1号等；中抗品种有花育17、花育21、鲁花11、豫花15和淮花8号等；抗病品种主要有徐花8号、P903-2-40和G/845等。

（2）合理调节种植结构，减少连作重茬。与其他作物进行轮作，合理调整种植结构，减少连作重茬，对于病害防控具有重要意义。

（3）加强田间管理。增施磷、钾肥，控制氮肥使用量，在花生生长盛期及时喷施花生生长促控剂（PBOG）每亩30g，抑制疯长，促进花芽分化，增加花生产量。

（4）药剂防治。发病初期可选喷50%多菌灵可湿性粉剂600~800倍液、75%百菌清可湿性粉剂600~800倍液、40%百菌清悬浮剂400~600倍液、70%代森锰锌可湿性粉剂400~500倍液。随着病情发展和雨季的来临，可选喷10%苯醚甲环唑水分散粒剂1 500倍液、12.5%烯唑醇可湿性粉剂或30%苯甲·丙环唑悬浮剂3 000倍液、43%戊唑醇悬浮剂3 000倍液、60%吡唑代森联（百泰）1 000倍液等药剂，同时可加入有机硅等增效剂。间隔10d，连续喷施2~3次。

八、花生炭疽病

（一）为害症状

病害发生在花生叶片，病斑多从下部叶片开始，逐渐向上扩展，多在叶缘或叶尖产生大病斑。叶缘病斑呈半圆形或长半圆形，直径 1～2.5cm；叶尖病斑多沿主脉扩展，呈楔形、长椭圆形或不规则形，病斑面积占叶片面积的 1/6～1/3。病斑褐色或暗褐色，有不明显轮纹，病斑边缘浅黄褐色。病斑上有许多不明显小黑点，即病菌分生孢子盘。

（二）防治技术

（1）深埋病残体。

（2）晒好花生种子，减少种子带菌。

（3）加强栽培管理，合理密植，雨后及时清沟排水，降低田间湿度。

（4）用杀菌剂拌种，对受害严重的病田可选用福美双、百菌清、世高、好力克等喷施，连续施药 2～3 次，隔 7～15d 喷施 1 次。

九、花生菌核病

花生菌核病，又称花生叶部菌核病，是我国花生产区发生的一种新病害。一般造成减产 15%～20%，发病严重的年份达 25%以上。

（一）为害症状

当花生进入花计期，花生菌核病病菌首先为害叶片，总趋势是自下而上，随着病害发展也可为害茎秆、果针等地上部分。感病叶片干缩卷曲，很快脱落。茎秆上病斑长椭圆形或不规则形，稍凹陷，造成软腐，轻者导致烂针、落果，重者全株

枯死且在枯萎的枝叶上长出菌核。其症状随着田间湿度的不同而有所变化，在干旱条件下，叶片上的病斑呈近圆形，直径0.5~1.5cm，暗褐色，边缘有不清晰的黄褐色晕圈；在高温高湿条件下，叶片上的病斑为水渍状，不规则黑褐色，边缘晕圈不明显。

初生菌丝有隔膜，分枝呈直角，分枝处缢缩，分枝不远处有一隔膜，菌丝直径6.0~12.5μm。病菌生长的温度为5~40℃，最适温度为25~30℃。该菌寄主范围广泛，除为害花生外，还可侵染水稻、棉花、大豆、番茄、菜豆和黄瓜等多种作物。

（二）发病规律

在我国花生产区，菌核病发病初期一般在7月上旬，高峰期在7月下旬至8月中旬。病菌以菌核在病残体、荚果和土壤中越冬，菌丝也能在病残体中越冬。病株与健株相互接触时，病部的菌丝传播到健康植株的叶片上，并不断蔓延扩展，进行多次再侵染，也可随着田间操作或地表流水进行传播侵染。高温高湿条件有利于花生菌核病的发生蔓延，如田间连续阴雨、温度较高或田间植株过密，易引起菌核病流行。地块低洼或排水不良的田块发病重。田间发病情况随着重茬年限的延长而逐渐加重。

（三）防治技术

根据花生菌核病侵染循环规律，防治应以抗病品种利用、控制初侵染来源为主，采取综合防治措施。

（1）因地制宜选用抗病品种。目前推广的主要花生品种抗性差异显著，但未发现免疫品种。抗性较好的品种有鲁花11、鲁花8号、鲁花9号、豫花5号和青兰2号等。

（2）清除田间病残体。田间发现病株立即拔除，集中烧

毁或深埋。花生收获后清除病株，进行深耕，将遗留在田间的病残体和菌核翻入土中，可减少菌源，减轻翌年病情。

（3）轮作换茬。重病田应与小麦、谷子、玉米、甘薯等作物轮作，随着轮作年限增加，田间病情明显减轻。

（4）药剂防治。发病初期可选喷40%菌核净可湿性粉剂1 000倍液、50%异菌脲可湿性粉剂1 000倍液、50%异菌脲（扑海因）可湿性粉剂1 000倍液，7~10d喷施1次，连续喷施2~3次。

十、花生立枯病

（一）为害症状

花生出苗前受病菌侵染，可以造成出苗前花生种子腐烂。幼苗病斑常出现在位于土壤表面以下的胚轴区，呈暗褐色，长凹陷状。病斑扩大，变黑，胚轴呈带状，形成典型的猝倒症状。主根处也产生同样的病斑，并扩展到整个根系，导致根部腐烂，最终使植株死亡。腐烂处通常被淡褐色菌丝簇覆盖，在坏死组织上有暗褐色的微小菌核生成。

菌丝有分隔，白色至深褐色，菌丝分枝处呈直角，基部稍有溢缩。菌丝紧密交织成菌核，菌核初呈白色，后变成黑褐色，圆形或不规则形。有性阶段在土表或病残体上形成一层白色菌膜，子实体一般为一紧密的薄层，浅黄色。担子近棍棒形，顶生4个小梗，每个小梗顶生1个担孢子；担孢子长椭圆形，单细胞，无色。

（二）发病规律

病菌以菌核或菌丝体在病残体或土表越冬，菌核翌年萌发菌丝侵染花生，病部菌丝接触健株并传染，产生的菌核可借风雨、水流等进行传播。

（三）防治技术

（1）合理轮作，做好田间排灌，合理施肥，合理密植，促进植株健壮生长，增强抗病力。

（2）收获后及时将病残体清理干净，深埋或烧毁。

（3）播种切勿过深。

十一、花生焦斑病

花生焦斑病也称花生斑枯病、胡麻斑病。在我国各花生产区均有发生，是为害花生的主要真菌病害之一，发病严重时田间病株率可达100%。急性流行情况下，在很短时间内，可引起花生叶片大量枯死，给花生产量带来严重损失。

（一）为害症状

该病通常产生焦斑型和胡麻斑型两种症状。常见的为焦斑型，通常自叶尖、少数自叶缘开始发病，病斑呈楔形向叶柄发展，初期褪绿，逐渐变黄、变褐，边缘常为深褐色，周围有黄色晕圈，后期叶片干裂枯死。早期病部枯死呈灰褐色，上面产生很多小黑点；胡麻斑型病斑小（直径小于1mm），形状不规则至圆形，甚至凹陷。病斑常出现在叶片正面。在收获前多雨的情况下，该病出现急性症状。叶片上产生圆形或不定形黑褐色水渍状大斑块，迅速蔓延至全叶枯死，并发展到叶柄、茎、果针上。

（二）发病规律

病菌以菌丝及子囊壳在病残体中越冬或越夏。花生生长季子囊壳在适宜条件下释放子囊孢子，借风雨传播侵入寄主，扩散高峰在晴天露水初干和开始降雨时。病害发生和流行与温、湿度关系密切，特别是湿度是病害发生的重要因素，气温25～27℃，相对湿度70%～74%，有利于子囊孢子产生，病斑上产

生新的子囊壳。病害潜育期一般为15~20d，病斑上再次产生子囊壳和子囊孢子进行再侵染。田间湿度大、土壤贫瘠和偏施氮肥都可导致花生焦斑病再次发生。

（三）防治技术

（1）农业防治。合理使用氮肥，增施磷、钾肥，促使植株长势良好，提高抗病能力。采用轮作、深翻、深埋病株残体、适当早播、降低种植密度、覆盖地膜等措施有良好的防病效果。

（2）药剂防治。发病初期可选喷施80%代森锰锌可湿性粉剂600~800倍液、50%多菌灵可湿性粉剂500~600倍液、25%联苯三唑醇可湿性粉剂600~800倍液。随病情发展可选喷10%苯醚甲环唑水分散粒剂1 500倍液、30%苯甲·丙环唑悬浮剂3 000倍液。病害防治指标以10%~15%病叶率，病情指数3~5时开始第一次喷药，以后视病情发展，相隔10~15d喷施1次，连续喷施2~3次。

十二、花生茎腐病

又称倒秧病、烂脖病。

（一）为害症状

该病害从苗期到成株期均可发生，但有两个发病高峰，即苗期和成株期。主要为害花生子叶、根、茎等部位，以根颈部和茎基部受害最重。幼苗期病菌从子叶或幼根侵入植株，使子叶变黑褐成干腐状，然后侵入植株根颈部，产生黄褐色水渍状病斑，随着病害的发展逐渐变成黑褐色。发病初期，叶色变淡，午间叶柄下垂，复叶闭合，早晨尚可复原，但随着病情的发展，地上部萎蔫枯死。在潮湿条件下，病部产生密集的黑色小突起（病菌分生孢子器）。成株期发病多在与表土接触的茎

基部第一对侧枝处，初期产生黄褐色水渍状病斑，病斑向上、下发展，茎基部变黑枯死，引起部分侧枝或全株萎蔫枯死，病株易折断，地下荚果脱落腐烂，病部密生黑色小粒点。

分生孢子器散生或集生，球形或烧瓶形，在寄主表皮下埋生，成熟后暴露。孢子器暗褐至黑色，单腔，壁厚，有一乳头状突出孔口。分生孢子暗褐色、双细胞、椭圆形。

（二）发病规律

病菌菌丝和分生孢子器主要在土壤病残株、果壳和种子上越冬，成为翌年初侵染来源。病株和粉碎的果壳饲养牲畜后的粪便，以及混有病残株的未腐熟农家肥也是传播蔓延的重要菌源。种子带菌是远距离和异地传播的主要初侵染来源。病害在田间主要随流水、风雨传播，农事操作中的人、畜、农具等也能传播。

（三）防治技术

（1）选用抗（耐）病花生品种。

（2）把好种子质量关（适时收获、及时晒干、安全贮藏、播前选种、药剂拌种）。

（3）合理轮作，加强田间管理，增施肥料，提高寄主抗病能力。

（4）发病时，喷施苯并咪唑类杀菌剂具有一定防效。

十三、花生白绢病

花生白绢病，又称白脚病、菌核枯萎病或菌核根腐病等。世界各地均有发生，病株率为5%~10%，严重的可达到30%，个别田块高达60%以上。近年来花生产区花生白绢病发生逐年加重，已成为重要的土传病害。

（一）为害症状

花生白绢病多在成株期发生，前期发生较少，主要为害茎基部、果柄、荚果及根。花生根、荚果及茎基部受害后，初呈褐色软腐状，地上部根颈处及其附近的土壤表面先形成白色绢丝（故称白绢病），病部渐变为暗褐色而有光泽，茎基部被病斑环割而致植株死亡。在高湿条件下，感病植株的地上部可被白色菌丝束所覆盖，然后扩展到附近的土面而传染到其他的植株上。在干旱条件下，茎上病斑发生于地表面下，呈褐色梭形，长约0.5cm，并有油菜籽状菌核，茎叶变黄，逐渐枯死，花生荚果腐烂。该病菌在高温、高湿条件下开始萌发，侵染花生，沙质土壤、连续重茬、种植密度过大、阴雨天发病较重。

该菌在PDA培养基上，菌丝白色，密绒毛状，在基物上表形成菌丝束，很多菌丝聚集形成球形菌核，菌核初为白色，后变淡褐色，最后为暗褐色，大小如油菜籽，不和菌丝相连，直径为1~2.5mm，平滑有光泽，菌丝生长的温度为15~42℃，最适为25~30℃。

（二）发病规律

病菌以菌核或菌丝在土壤中或病残体上越冬，大部分分布在3~7cm的表土层中。菌核在土壤中可存活5~6年，尤其在较干燥的土壤中存活时间更长。病菌也可混入堆肥中越冬，荚果和种子也可能带菌。翌年田间环境条件合适时，菌核萌发，产生菌丝，从植株根茎基部的表皮或伤口侵入，也可侵入子房柄或荚果，引起病害发生，同时菌丝不断扩展，引起邻近植株发病。因此，该病害在田间常出现明显的发病中心，形成整穴枯死。病害在田间主要借助于地面流水、田间耕作和农事操作进行传播，传播距离较近。该病害一般在田间于6月下旬至7月上旬开始发生，7—9月为发病高峰期。

花生白绢病是一种喜高温、高湿病害。花生生长中后期如遇高温、多雨、田间湿度大，病害发生严重，干旱年份发生较轻。连作重茬地块随着种植年限增加田间病情逐渐加重。土壤黏重、排水不良和低洼地块发病重，播种期早田间发病较重。雨后暴晴，病株迅速枯萎死亡。

（三）防治技术

（1）因地制宜选用抗病品种。花生品种间抗性差异明显，可因地制宜地选用抗病品种。

（2）轮作换茬。花生白绢病是典型的土传病害，病菌在土壤中存活的时间较长，可与禾本科作物进行 3~5 年轮作，以减轻田间病情。

（3）适时推迟播期和合理施肥。据报道，花生适当推迟播期 5~7d，可明显降低白绢病的发生。合理施用氮、磷、钾肥，增施锌、钙肥和生物菌肥，既可调节花生植株营养平衡，提高抗性，又可增加土壤中有益菌群，抑制白绢病菌生长。

（4）及时清除田间病残体和深耕深翻。花生生长季节及时清除发病枝叶或整株，烧毁病残体，以减轻病菌积累和传播，控制流行速度和程度；秋后及时清除田间病残体，及时进行深耕深翻，以消灭菌源，可明显降低翌年田间病情。

（5）药剂防治。播种前可用种子重量 0.25%~0.5%的 50%多菌灵可湿性粉剂或 2.5%咯菌腈悬浮种衣剂（适乐时）10~20mL+0.136%赤·吲乙·芸苔可湿性粉剂（碧护）1g，兑水 100~150mL 拌种 10~15kg，减少种子带菌率，有效预防土传病害，促进种子萌发和根系生长。发病初期可选喷 40%菌核净可湿性粉剂 1 500倍液、43%戊唑醇（好力克、安万思、金有望等）悬浮剂 3 000倍液、50%异菌脲（扑海因）可湿性粉剂 1 500倍液等药剂。每隔 7~10d 喷施 1 次，连续使用 2~3 次。

十四、花生纹枯病

（一）为害症状

花生植株封行后，在下部叶片出现水浸状暗绿色病斑，病斑不断扩展，可形成云纹状斑，菌丝常把附近叶片黏叠在一起。天气干燥时，病害扩展慢，病斑呈浅黄色，边缘褐色。田间湿度大时病害扩展很快，并向上部叶片蔓延，下部叶片随后腐烂脱落，并在叶片上长满白色菌丝，菌丝集结成白色菌核，后菌核逐渐变黄，最后呈褐色。发病严重时茎枝均软腐而引起倒伏。

初生菌丝无色，呈锐角状分枝，分枝处缢缩。成熟菌丝黄褐色，分枝成直角，分枝处明显缢缩，菌丝有隔膜。菌丝集结成菌核，成熟菌核褐色，表面粗糙，内呈蜂窝状疏松组织，扁圆或不规则形。子实体为薄层，灰褐色。担子无色，倒棍棒形，顶生 2~4 个小梗，每个小梗上生有一个担孢子。担孢子无色，单细胞，卵圆形。

（二）发病规律

病菌以菌核或菌丝在病残体或土壤表层越冬，或以菌核在土壤中越冬。翌年在合适条件下，菌核萌发形成菌丝从自然孔口侵入花生，菌丝可在植株间蔓延为害。病部产生的菌核还可以借助风雨和流水传播蔓延，进行再侵染。局部地区与水稻轮作发病加重。

（三）防治技术

（1）种植抗（耐）病花生品种。

（2）科学施肥，推广高垄双行，地膜覆盖栽培技术，田间及时排除积水。

（3）收获后清除田间病残体，集中销毁。

（4）深翻土地，去除田间的野生寄主，也可以掩埋剩余的病残植株，减少越冬的菌源。

（5）发病初期喷施井冈霉素、多菌灵、纹枯利进行防治，间隔10~15d喷施1次，共喷施2~3次。

十五、花生灰霉病

（一）为害症状

花生灰霉病主要发生在花生生长前期，为害叶片、托叶和茎，顶部叶片和茎秆最易感病。被害部位初期形成圆形或不规则形水渍状病斑，似水烫状。天气潮湿时，病部迅速扩大，变褐色，呈软腐状，表面密生灰色霉层（病菌的分生孢子梗、分生孢子和菌丝体），最后导致地上部局部或全株腐烂死亡。天气干燥时，叶片上的病斑近圆形，淡褐色，直径2~8mm。在高温、低湿的条件下，仅上部死亡的病株下部可能抽出新的侧枝，许多轻病株都可能恢复生长。茎基部和地下部的荚果也可受害，变褐腐烂，发病部位产生大量黑色菌核。

花生灰霉病病原菌在PDA培养基上生长速度较快，25℃恒温条件下，日平均生长速度为15.2mm，生长初期菌丝致密为白色，生长后期菌丝逐渐变为灰白色，并且产生大量的菌核。

病菌寄主范围很广，除花生外，还包括葡萄、茄子、番茄、甘蓝、菜豆、洋葱、马铃薯、草莓等60多种植物。

（二）发病规律

病菌以菌核和菌丝体随病残体遗落于土壤中越冬，以分生孢子作为初侵染与再侵染源，分生孢子借风雨传播，从伤口和自然孔口侵入。病害的发生流行受气象条件及生育期的影响最为明显，低温、高湿条件有利于病害发生流行，如遇上长时间

的多雨、多雾、多露气温偏低条件，病害易流行。播后出土慢的植株较出土快的病重；沙质土较沿河岸冲积土发病重；偏施过施氮肥发病重。

（三）防治技术

（1）选用抗病高产品种。花生品种间抗病性明显不同，澄油 15、粤油 551 选、305 等品种抗病力较强，可因地制宜地选种。

（2）农业防治。及时排除田间积水，降低田间湿度；合理使用氮肥，增施磷、钾肥；因地制宜地选择播期，避免过早播种；加强栽培管理，提高植株抗性。

（3）药剂防治。发病初期及时进行药剂防治。可选用10%多抗霉素可湿性粉剂 800 倍液、50%腐霉利可湿性粉剂1 000倍液、50%异菌脲可湿性粉剂 1 500倍液喷施，间隔 7~10d 喷 1 次，连喷 2~3 次。

十六、荚果腐烂病

（一）为害症状

果壳受侵染后出现淡棕黑色病斑。病斑扩大并连成一片，整个荚果表皮变色，随着病害进一步发展，果壳组织分离，果壳腐烂。腐烂组织的结构和颜色随有机质和土壤因素的变化而不同。烂果的植株地上部分正常，一般不表现萎蔫症状。

（二）防治技术

（1）种植抗（耐）病花生品种。

（2）防治腐霉菌，在花生成熟期每亩施用石膏 10~20kg，直接撒施于结果部位的地面上，用福美双（每 100kg 种子用药 50g）拌种。

（3）防治镰刀菌，发病初期，用根腐灵 300 倍液、50%多

菌灵 WP 1 000倍液、70%甲基硫菌灵 WP 800~1 000倍液喷施或灌根。

十七、花生黄萎病

花生黄萎病在美国、阿根廷及澳大利亚等国家均有报道。特别是在澳大利亚花生黄萎病发生相当普遍，且为害严重，花生受害后常常减产 14%~64%。

（一）为害症状

花生黄萎病一般在开花期显示症状。病株下部叶片淡绿无光或黄化变色。随着病害发展，植株上许多叶片枯萎变褐脱落，生长停滞，叶片稀疏而结果少。根部、茎部和叶柄的维管束变褐至黑色。病荚果变褐腐烂，表面散生一片片白色粉末。

（二）发病规律

花生轮枝菌是花生黄萎病的致病菌。花生轮枝菌是一种腐生性较强的真菌，在没有寄主植物的情况下在土壤中可存活多年。0~30cm 土层中的发病率比其深层高 3~4 倍。肥沃土壤较瘠薄土壤发病重。过多施用氮肥有利于病害发生。

（三）防治技术

（1）合理轮作。花生可与禾谷类作物轮作，忌与棉花、马铃薯、番茄等茄科及瓜类作物连荐。

（2）农业防治。清除田间病残体；收获后深耕，将病残落叶埋入地下；合理施肥，增施磷、钾肥，适量施用氮肥。

十八、花生黑腐病

（一）为害症状

成株期，感病植株叶片初期褪绿变黄，后期萎蔫。严重受害

的植株，整个植株萎蔫，死亡。拨开病株地上部枝条，可见病株的茎基部变黑腐烂。严重受害的植株，拔起时容易造成断头，地下荚果和根系变黑腐烂。在潮湿条件下，茎基部等感病部位常常生长有大量的橙色至红色小颗粒状物，是病原菌的子囊壳。

病原菌丝棉絮状，初为白色，后变为杏黄色。分生孢子梗生于多隔菌柄上，帚状分支，分支处常有隔膜。产孢细胞瓶状，无隔。菌柄较长，具分隔。菌柄末端孢囊多为圆球状。分生孢子单生，无色，圆柱形，1~3 个隔膜。子囊壳亚球形或卵形，子囊无色透明，棍棒状，具长柄，内含 8 个子囊孢子。子囊孢子无色，纺锤形至镰刀形，两端稍圆，1~3 个隔膜，分隔处常有缢缩；厚垣孢子易形成褐色微小菌核。

（二）发病规律

病菌通过微小菌核在土壤中、植物病残体上或种子上越冬，是初侵染源。当条件合适时，微小菌核萌发的菌丝侵入花生根部或茎基部。微小菌核可以随风或种子进行长距离的传播，田间通过农事操作、牲畜进行近距离的传播。

（三）防治技术

轮作（勿与大豆轮作）。种植抗病品种。土壤熏蒸。

十九、黄曲霉侵染和黄曲霉毒素污染

黄曲霉侵染和黄曲霉毒素污染花生在世界范围均有发生，热带和亚热带地区花生受害严重。黄曲霉菌是一种弱寄生菌，在花生生长后期能够侵染花生荚果、种子，引起种子储藏期霉变，播种后种子腐烂、缺苗，影响幼苗生长，同时所产生的代谢产物黄曲霉毒素对人和动物有很强的致癌作用，现已受到人们的高度重视。

（一）为害症状

受病菌感染的种子播下后，长出的胚根和胚轴受病菌侵染易腐烂，造成烂种、缺苗。花生出苗后，黄曲霉病菌最初在之前受感染的子叶上出现红褐色边缘的坏死病斑，上面着生大量黄色或黄绿色分生孢子。当病菌产生黄曲霉毒素时，病株生长严重受阻，叶片呈淡绿色，植株矮小。

花生收获前受到土壤中病菌感染，菌丝通常在种皮内生长，形成白色至灰色霉变。荚果和种仁感染部位长出黄绿色分生孢子。收获后，条件适宜时，病菌在储藏的荚果、种仁中迅速蔓延。严重时，整个种仁布满黄绿色分生孢子，同时产生大量黄曲霉毒素。

菌丝无色，有分隔和分枝。病菌产生大量直立、无分枝、无色、透明的分生孢子梗，长300~700μm。分生孢子椭圆形、单胞、黄绿色、带刺，直径3~6μm。

（二）发病规律

黄曲霉菌是土壤中的腐生习居菌，广泛存在于许多类型土壤及农作物残体中。收获前黄曲霉感染源来自土壤。在收获后储藏和加工过程中，花生也可受黄曲霉菌侵染，引起种子变霉，加重黄曲霉毒素污染。

花生生育后期遇干旱和高温是影响黄曲霉侵染的重要因素。研究表明，花生种子含水量降到30%时，容易感染黄曲霉。黄曲霉侵染的土壤起始温度为25~27℃，最适温度为28~30℃。地下害虫为害造成荚果破损有利于黄曲霉的侵染。

（三）防治技术

（1）合理灌溉。改善花生地灌溉条件，特别是在花生生育后期和花生荚果期保障水分的供给，可避免收获前因干旱所造成的黄曲霉感染。

（2）防止伤果。盛花期中耕培土不要伤及幼小荚果。尽量避免结荚期和荚果充实期中耕，以免损伤荚果。适时防治地下害虫和病害，将病虫害对荚果的损伤降到最低程度。

二十、花生条纹病毒病

又称花生轻斑驳病毒病。

（一）为害症状

在田间，种传花生病苗通常在出苗后 10~15d 内出现，叶片表现斑驳、轻斑驳和条纹，长势较健株弱，较矮小，全株叶片均表现症状。

受蚜虫传毒感染的花生病株开始在顶端嫩叶上出现清晰的褪绿斑和环斑，随后发展成浅绿与绿色相间的轻斑驳、斑驳、斑块和沿侧脉出现绿色条纹以及橡树叶状花叶等症状。叶片上症状通常一直保留到植株生长后期。该病害症状通常较轻，除种传苗和早期感染病株外，病株一般不明显矮化，叶片不明显变小。

（二）发病规律

花生条纹病毒在带毒花生种子内越冬，种传花生病苗是病害主要初侵染源。病害被蚜虫以非持久性传毒方式在田间传播。

（三）防治技术

（1）选择感病程度低、种传率低的花生品种。

（2）应用无毒种子，与毒源隔离 100m 以上，可以获得良好的防病效果。

（3）清除田间和周围杂草，减少蚜虫来源并及时防治蚜虫。

二十一、花生黄花叶病毒病

（一）为害症状

花生上流行的黄瓜花叶病毒（CMV）是 CA 株系，简称 CMV-CA 株系。我国发生的 CMV-CA 株系通常引起花生典型黄绿相间的黄花叶症状。花生出苗后即见发病。初在顶端嫩叶上现褪绿黄斑，叶片卷曲，后发展为黄绿相间的黄花叶、网状明脉和绿色条纹等症状。通常叶片不变形，病株重度矮化。病株结荚数减少，荚果变小。病害发生后期有隐症趋势。

（二）发病规律

花生黄花叶病毒病多在夏季发生。虫蚜、桃蚜和棉蚜等昆虫是其主要传播媒介。

（三）防治技术

（1）加强检疫。CMV-CA 种传率高，易通过种质资源交换和种子调运而扩散，有必要将 CMV-CA 列入国内植物检疫对象，加强检疫，禁止从病区向外调运种子。

（2）农业防治。从无病区调种，选种无病种子。选择轻病地留种也可以减少毒源，减轻病害；CMV 种传病苗在田间出现早，易识别，而此时的蚜虫发生较少，及时拔除可显著减少毒源，以减少田间再侵染，减轻病害；地膜覆盖是一项花生增产的栽培模式，同时又能驱蚜，减轻病害发生。覆膜花生黄花叶病发病率平均为 57%，病情指数 32.5，而露地栽培花生发病率平均为 95%，病情指数 85。

二十二、花生丛枝病

（一）为害症状

叶片过多增生使被侵染植株具有扫帚一样的外观。叶片小

且失绿，植株生长受阻。果针卷曲向上生长。

无细胞壁的支原体，大小为100~760μm。

（二）发病规律

该病由叶蝉从其他寄主传到花生，病害发生程度与叶蝉的数量关系密切。

（三）防治技术

（1）种植抗、耐病花生品种。

（2）适时播种，铲除病地及周围豆科杂草和绿肥等可疑寄主，减少初侵染来源。

（3）在发病初期，及时拔除病株，及时防治叶蝉均可减轻病害发生。

二十三、花生矮化病毒病

（一）为害症状

花生植株矮化、叶面出现斑驳是花生矮化病毒病的症状。但由于花生矮化病毒（PSV）存在株系变异，不同株系引起的症状变化较大，我国发生普遍的是毒力较低的PSV-Mi株系。PSV-Mi侵染后，花生病株开始在顶端嫩叶上出现脉淡或褪绿斑，随后发展成浅绿与绿色相间的普通花叶症状，沿侧脉出现辐射状小绿色条纹和斑点；叶片变窄，叶缘波状扭曲，病株中度矮化。我国也存在PSV强毒力株系，引起病株矮小，长期萎缩不长，节间短，植株高度常为健株的1/3~2/3，单叶片变小而肥厚，叶色浓绿，结果少而小，似大豆粒，有的果壳开裂，露出紫红色的小籽仁，须根和根瘤明显稀少。

（二）发病规律

PSV被多种蚜虫以非持久性方式传播，包括豆蚜、桃蚜和

绣线菊蚜，但棉蚜不传，也可通过花生种传，但种传率很低，通常在0.1%以下。影响病害流行的重要原因主要有以下几方面：一是刺槐数量与病害流行区域相关。在中国刺槐是花生矮化病毒病的主要毒源，流行区域均栽有一定数量的刺槐。二是花生矮化病毒病主要是通过蚜虫传播，蚜虫数量的多少和病害流行区域相关。三是气候条件通过影响蚜虫的发生与活动，从而影响病害流行。降水量的多少影响蚜虫的发生与活动，降水量大，蚜虫发生少，病害轻；降水量小，蚜虫发生多，病害重。

（三）防治技术

（1）种衣剂防治。用60%吡虫啉（高巧）悬浮种衣剂60mL+400g/升卫福（萎秀灵+福美双）120mL，兑水350mL，拌种37.5~40kg，晾干后播种，可有效防除中前期蚜虫，并可兼治地下害虫和苗期害虫。

（2）杜绝或减少病害初侵染源。精选饱满的籽仁作种，严格剔除病劣、粒小和变色的籽仁，花生种植区域内除去刺槐花叶病毒树或与刺槐相隔离，以减少田间毒源。

（3）选用抗病品种。花28、花37等有较高的抗病性，可因地制宜选用。白沙1016感病重，在重病区应逐步淘汰。

（4）苗期防治。花生出苗后要及时检查，6月上旬当田间有蚜株率达20%~30%，每株有蚜虫10~20头时进行防治，可选用10%吡虫啉可湿性粉剂1 500倍液、25%噻虫嗪水分散粒剂5 000倍液、3%啶虫脒乳油1 500倍液等药剂喷雾处理，视虫情喷2~3次，间隔7~10d。发现病毒病症状后可及时喷施8%宁南霉素水剂1 000倍液，或20%盐酸吗啉胍可湿性粉剂500倍液。

（5）地膜覆盖。试验表明，覆膜小区苗期蚜虫量是露天小区的1/10，并且病害减轻。

第二节　花生虫害

一、东方蝼蛄

（一）为害症状

成虫、若虫均为害，食性杂，几乎可为害所有的旱田作物，尤以花生、棉花、林果幼苗、西（甜）瓜、玉米、高粱、麦类、蔬菜等受害重。成虫、若虫均可咬食花生种子和幼苗，特别喜食刚萌发的种子，咬食幼根和嫩茎，受害株的根部呈乱麻状或丝状。

（二）形态特征

成虫体长30~35mm，浅茶褐色，密生细毛。头小，圆锥形，复眼红褐色，单眼3个，触角丝状。前胸背板卵圆形，中央具1个明显凹陷的长心脏形坑斑。前翅鳞片状，只盖住腹部的一半，后翅折叠如尾状，大大超过腹部末端。前足特化为开掘足，后足胫节背侧内缘有棘3~4根。腹部末端近纺锤形，尾须细长。卵长2.8~4.0mm，宽1.5~2.3mm，椭圆形，黄褐色至暗紫色。若虫分7~8龄，少数6龄或9龄、10龄，初孵时乳白色后至黄色。

（三）防治技术

当田间调查蝼蛄数量低于200头/亩时为轻度发生，200~333头/亩时为中度发生，333头/亩以上为严重发生。故田间蝼蛄数量达到200头/亩以上时应及时采取防治措施。改造土壤环境是防治蝼蛄的根本方法，改良土壤，把农业防治与化学防治相结合。

（1）农业防治。一是实行春、秋翻地耕作制，特别是在

早春翻耕、耙压和适时秋翻，可有效降低虫量。二是合理施肥。施用的厩肥、堆肥等有机肥料要充分腐熟，施入较深的土壤内。

（2）化学防治。一是闷种。用 40%辛硫磷乳油 125mL，兑水 5L，拌种 50kg，边喷药边拌匀，堆闷 3～4h 后播种。二是对蝼蛄数量达到 200 头/亩以上的地块，除闷种外，还应随播种补施毒饵。毒饵配制方法：用 40%辛硫磷乳油 1L 兑水 3～4L 拌炒成糊香的麦麸或豆饼渣 100～200kg。每亩用毒饵 20～30kg。

二、小地老虎

（一）为害症状

幼虫咬断花生嫩茎或幼根，造成缺苗断垄，个别还能钻入荚果内取食种仁。

（二）形态特征

成虫体长 16～23mm，灰褐色。前翅翅面从内向外各有 1 个棒状纹、环状纹和肾状纹，肾状纹的外侧有一条尖端向外的楔形斑，亚外缘线上有 2 个尖端向内的楔形斑；后翅灰白色，翅脉及边缘褐色。成熟幼虫体长 37～47mm，黄褐色至暗褐色，有明显灰黑色背线，体表粗糙，密布黑色小颗粒，背线明显，臀板黄褐色。

（三）防治技术

幼虫 3 龄以前是小地老虎的防治适期。

（1）农业防治。春耕耙地，秋翻晒土及冬灌，杀灭虫卵、幼虫和部分越冬蛹。

（2）诱杀成虫。利用频振灯诱杀成虫；或用 3∶4∶1∶2 的糖、醋、酒、水诱液加少量敌百虫诱杀成虫。

（3）药剂防治。50%辛硫磷乳油拌种，用药量为种子重量的0.2%~0.3%；48%乐斯本乳油或40%辛硫磷乳油1 000倍液灌根或傍晚茎叶喷雾；50%辛硫磷乳油每亩50g，拌炒过的麦麸5kg，傍晚撒在作物行间，或2.5%敌百虫粉（有高粱的区域禁止使用）45kg/hm^2，在小地老虎2龄前，喷粉剂于地表；用30%敌百虫乳油10g，加少许水溶解，均匀喷在5kg碎菜叶上，充分拌匀，于出苗前傍晚顺垄撒于花生根际地面诱杀幼虫。

三、中华剑角蝗

中华剑角蝗属直翅目剑角蝗科。别名中华蚱蜢。

（一）为害症状

分布于我国大部分地区。主要为害粟、水稻、小麦、玉米、高粱、花生、大豆、棉花、甘薯、烟草等，常将叶片咬成缺刻或孔洞，严重时将叶片吃光。

（二）形态特征

成虫体长：雄30~47mm，雌58~81mm。前翅长：雄25~36mm，雌47~65mm。体绿色或草枯色。头长，颜面极倾斜。触角剑状。有的个体复眼后、前胸背板侧片上部、前翅肘脉域具宽淡红色纵纹。草枯色个体有的沿中脉域具黑褐色纵纹，沿中间脉具1列淡色斑点。后翅淡绿色。后足腿节、胫节绿色或黄色。

（三）防治技术

同小地老虎。

四、斑须蝽

斑须蝽属半翅目蝽科。

（一）为害症状

全国各地均有分布。主要为害花生、小麦、水稻、棉花、亚麻、油菜、甜菜、豆类等作物。成虫和若虫吸食寄主植物幼嫩部分汁液，造成落花、落果、生长萎缩、籽粒不实。

（二）形态特征

成虫体长 8.0~13.5mm，宽 5.5~6.5mm。椭圆形，黄褐色或紫褐色。头部中叶稍短于侧叶，复眼红褐色；触角 5 节，黑色。前翅革片淡红褐色或暗红色，膜片黄褐色，足黄褐色。腹部腹面黄褐色，具黑色刻点。卵长约 1mm，宽约 0.75mm，桶形，初产浅黄色，后变赭灰黄色。若虫略呈椭圆形，腹部每节背面中央和两侧均有黑斑。

（三）防治技术

（1）农业防治。作物收获后及时清除杂草、枯枝落叶，将隐蔽在树皮下、房屋缝隙中的越冬成虫扫出，集中销毁，降低越冬基数。

（2）加强田间管理，摘除卵块及初孵未分散的小若虫。

（3）药剂防治。可选用 80%敌敌畏乳油、2.5%溴氰菊酯乳油、20%氰戊菊酯乳油 3 000倍液喷雾。

五、黄地老虎

（一）为害症状

幼虫咬断花生嫩茎或幼根，造成缺苗断垄，也能钻入荚果内取食种仁。

（二）形态特征

黄地老虎成虫体长 15~18mm，前翅黄褐色，似小地老虎，但无楔形斑，肾状纹、环状纹、棒状纹均明显，各横线不明

显。后翅灰白色，翅脉及边缘呈黄褐色。雄虫触角 2/3 为羽毛状，其余为丝状。

幼虫与小地老虎相似，老熟幼虫体长 33~43mm，黄褐色，体表颗粒不明显，有光泽，多皱纹。腹部背面各节有 4 个毛片，前方 2 个与后方 2 个大小相似。臀板中央有黄色纵纹，两侧各有 1 个黄褐色大斑。

（三）防治技术

（1）农业防治。除草灭虫减少产卵寄主和初龄幼虫食料，除草在春播作物出苗前或 1~2 龄幼虫盛发时进行；灌水灭虫，铲埂灭蛹，调整作物播种时期。

（2）诱杀成虫。种植诱杀作物；泡桐叶诱杀；用频振灯诱杀；也可用 3：4：1：2 的糖、醋、酒、水诱液加少量敌百虫诱杀成虫。

（3）药剂防治。75%辛硫磷乳油，按花生种干重的 0.5%~1%浸种；48%乐斯本乳油或 40%辛硫磷乳油 1 000倍液灌根或傍晚茎叶喷雾；50%辛硫磷乳油每亩 50g，拌炒过的麦麸 5kg，傍晚撒在作物行间。地老虎 3 龄前，可喷洒 90%敌百虫 800~1 000倍液；用 90%敌百虫 5kg 加水 3~5kg，拌铡碎的鲜草或鲜菜叶 50kg，配成青饵，傍晚撒在植株附近诱杀。

六、东北大黑鳃金龟

东北大黑鳃金龟属鞘翅目金龟科。其幼虫与其他种类的金龟子幼虫均称蛴螬。

（一）为害症状

分布在我国东北地区，是旱田重要害虫。成虫取食作物的茎、叶和树木及苗木叶片；幼虫为害植物的地下部分，先啃食主根、根颈，连同种皮一起吃掉，被咬处伤口整齐。

（二）形态特征

成虫体长16~21mm，宽8~11mm，黑色或黑褐色，具光泽。触角10节，鳃片部3节，黄褐色或赤褐色。前胸背板两侧弧扩，最宽处在中间。鞘翅长椭圆形，于1/2后最宽。前足胫节具3外齿。雄虫前臀节腹板中间具明显的三角形凹坑；雌虫前臀节腹板中间无三角坑，具一横向枣红色菱形隆起骨片。卵长2.5~2.7mm，宽1.5~2.2mm，发育前期为长椭圆形，白色稍带绿色光泽；发育后期圆形，洁白色。老熟幼虫体长35~45mm，头宽4.9~5.3mm。蛹体长21~24mm，宽11~12mm。

（三）防治技术

当田间调查蛴螬数量低于667头/亩时为轻发生，667~2 000头/亩时为中等发生，2 000头/亩以上为严重发生。故田间蛴螬数量达到667头/亩以上时应及时采取防治措施。

（1）闷种。见东方蝼蛄防治技术。

（2）对蛴螬虫量比较大（平均2 000头/亩以上）的地块要在闷种后补施毒土。每亩用40%辛硫磷乳油1L，兑1L水稀释，先拌10kg细干土，再用拌好的药土拌10kg细干土，随播种撒在播种穴内，先撒毒土后覆上一层土再播种防效更好。

（3）防治成虫。用90%敌百虫晶体800倍液或2.5%敌杀死乳油2 000倍液喷雾防治。

七、华北蝼蛄

（一）为害症状

成虫和若虫都可在地上和地下为害，特别喜食刚发芽的种子、幼根和嫩茎，被咬食后，受害植株的根部呈乱麻状。由于蝼蛄活动，将表土窜成许多隧道，使苗土分离，幼苗生长不良甚至枯萎死亡，严重时造成缺苗断垄。

（二）形态特征

成虫：体长36~56mm，黄褐色，腹部颜色浅，全身密生细毛。头卵圆形。前翅鳞状，黄褐色，长14~16mm，覆盖腹部不到1/3。前足特化为开掘足，前足腿节内侧外缘缺刻明显、腹部末端近圆筒形。后足胫节背侧内缘有距1~2个或消失。若虫：成熟若虫体长24~28mm，体色近成虫。

（三）防治技术

（1）农业防治。春、秋耕翻土壤，有条件的地区实行水旱轮作；合理施肥，施用厩肥、堆肥等有机肥料要充分腐熟。

（2）物理防治。黑光灯诱杀成虫；挖窝灭卵。

（3）药剂防治。用50%辛硫磷乳油30~50倍液加炒香的麦麸、米糠或磨碎的豆饼、棉籽饼等5kg，每亩用毒饵1.5~3kg，傍晚时撒于田间。药剂拌种：用50%辛硫磷乳油1kg加水60kg，拌种子600kg，可有效防治蝼蛄等地下害虫。

第三节 花生草害

一、花生田杂草种类

我国花生田的杂草种类繁多，分属于30多科80多种，按叶片形态大致分为两大类型即阔叶、窄叶杂草，按生长周期分为一年生、两年生及多年生杂草。长江流域、东南沿海及云贵高原等花生产区花生田杂草属于亚热带、热带区域的暖季类型。整体来看，花生田优势杂草种类有马唐、双穗雀稗、香附子、牛筋草、马齿苋、喜旱莲子草、狗牙根、碎米莎草等20多种，以禾本科种类最多，发生量占杂草总量的60%以上，其中马唐的植株密度及生物量显著高于其他杂草，是花生田中

最主要杂草；而俗称“革命草”的喜旱莲子草、香附子防除最难。

二、杂草对花生的为害

入秋以后花生田杂草逐渐消亡。花生播种后，随着气温升高、雨水增多，杂草也开始萌发、生长，与花生生长季节同步，故而可造成花生整个生育阶段的为害。绝大多数杂草为当地常规植物，具有极强的适应性；有些为多年生恶性杂草，如香附子，既可依赖地下根茎繁殖，也可通过种子繁殖，极难防除；有些是生物入侵植物，如喜旱莲子草，生长发育快，生物量大，世代交替迅速，挤占生长空间能力强。杂草对花生的为害程度一是取决于杂草本身的种类、密度；二是受气候、土壤等自然环境条件的影响，一般多雨、高温、土壤肥沃的花生田杂草滋长迅速，反之干旱、低温、土壤瘠薄时杂草生长缓慢；三是受生产管理水平的影响。杂草发生越早、生长密度和生物量越大、植株越高、与花生共生的时间越长，则为害越严重。杂草对花生的直接为害表现在争光、争水、争肥上，导致花生生存条件恶化、植株发育不良，最终花生一般减产5%左右，严重者10%以上，甚至失收；间接为害是作为为害花生的病虫寄主、桥梁，助长病虫害的发生。

三、花生田杂草防除技术

防除花生田杂草的技术途径多种多样，一般有农艺措施、生物防控、化学除草剂及其他新技术。一般应在农艺措施基础上，适当配套其他技术，除草效果会更好。具体如何运用，应遵循花生田杂草防治的基本原则：一是控早、控小，将杂草消灭在萌发至幼苗期，尤其在杂草开花结籽之前除掉十分重要，

压低下一季杂草基数，使杂草失去在下一代或翌年繁殖拓展的能力，方能使杂草为害程度减至最轻或在经济阈值容许范围之内；二是恶化杂草生长发育的环境，运用各种措施，创造不利于杂草萌发生长的农田生态环境，例如增加花生密度、选用早发速生的花生品种、采取水旱轮作等措施；三是在综合防治措施大面积推广应用的同时，要根据农田生态学和经济学的原则，结合本地区的具体草情，动态地灵活运用，以减轻其对生态环境的污染，保持生态平衡，获得显著的经济、生态和社会效益。

四、农艺除草技术

以农艺措施防除杂草，是花生田杂草综合防除体系中不可缺少的途径之一，也是我国传统农业技术精华所在，多属于生态环保的除草技术，内含物理学、生物化学和生态学的基本原理，应得到继承与发扬。花生田防除杂草的主要农艺技术措施有 5 种。

（一）翻耕土壤

为害花生的多数杂草一般分布在 10cm 以内的耕作层中。在前茬秋、冬作物收获后或花生播种前，翻转土层尤其是适当深耕（25~30cm）1~2 次，能将表土杂草种子翻入深层，使其失去翌年萌发条件，或即便发芽也无力伸出土面；能捣毁多年生杂草如刺儿菜、香附子的地下繁殖器官；或将地下茎、根器官翻转到土表，便于捡拾后集中处理；或导致自然枯死，翻耕措施的杂草防控效果可达 50%~60%。研究表明，与传统耕作模式相比，深耕花生田杂草的种类和优势种群基本相同，但杂草发生密度大幅降低；花期和结荚期调查，深耕田杂草鲜重明显低于传统耕作，且其花生产量比传统耕作增产 6. 27%。

（二）施用腐熟有机肥

猪、牛、羊、鸡粪等有机肥料中常常带有多类型的大量杂草种子，若未经高温发酵和长期堆沤腐熟等处理过程就直接施于花生田间，粪中隐藏的种子因人工作业而迅速传播，并有可能因种子包裹或伴随肥料而长势更旺，为害更大。农家肥经过适当的高温堆制腐熟处理，能使绝大多数杂草种子失去发芽能力。

（三）生物覆盖

利用米糠、麦麸、碎草、秸秆、地膜等覆盖播种后的花生田地面，既能起到物理压草、化感抑草作用，又能发挥保水增肥效应。

（四）轮作换茬

轮作换茬不仅能克服花生本身的连作障碍，还能从很大程度上改变杂草的生长环境，减少花生田的杂草种类，尤其是伴生性杂草及种群密度。花生产区尤其是华南地区温高水丰，多推行花生与水稻水旱轮作栽培，是预防和控制花生田病虫草害的最佳农艺措施之一，有利于花生绿色高效生产。

（五）其他措施

人工耘锄浅耕仍然是小农经营者常用的田间管理措施。此外，及时清除田边田间杂草，随时拔除漏网大草，使其在植株开花或种子成熟前即被消灭，也是农田杂草可持续治理的重要内容。

五、化学除草技术

化学除草对省工省力、提高劳动效率、降低生产成本、促进规模化经营具有决定性作用，受到农民的普遍欢迎，得到迅

速广泛推广使用，是当今农业现代化的重要组成部分。用于花生田的除草剂种类繁多，按作用方式分为选择型和灭生型除草剂；根据使用时期与方法分为芽前型、芽后型，它们各有特点，应根据其性能、特点合理选用，对草下药，提高药效，同时注意药害以及产品、土壤、水体等环境安全等问题。花生为阔叶作物，与窄叶作物轮作时，应特别留意前后茬作物是否会遭受除草剂的互相为害问题。

（一）芽前除草剂

芽前除草剂又称土壤处理剂，农民俗称“封闭药”。将芽前除草剂喷洒于播种花生后的土表，或施药后通过混土操作把除草剂拌入土壤的一定深度，形成除草剂的封闭层，待杂草萌发、接触药层后即被杀死，而对已出土杂草无效。花生田常用的芽前除草剂直接喷雾的有乙草胺、异丙甲草胺（都尔）、精异丙甲草胺（金都尔）、拉索、扑草净、农思它。

（二）芽后除草剂

又叫茎叶处理剂，即在花生出苗后喷洒到已出土的杂草茎叶上，通过茎叶的吸收和传导作用消灭杂草。此时药剂同时接触作物、杂草，因此必须具备选择性，即对花生安全，而专杀杂草（一般为单子叶的杂草），此类为芽后选择性除草剂。茎叶处理剂的施药适期应为对杂草敏感而花生安全的生育阶段，一般以杂草幼苗期即 1~5 叶期为宜。

第四节　花生鼠害

一、花生鼠害的现状与为害

花生鼠害在当前的花生种植中是一个较为普遍且严重的

问题。

老鼠对花生的侵害贯穿了花生生长的各个阶段。从花生的播种期，它们会啃食刚播下的种子，导致出苗不齐。在花生的幼苗期，咬断幼苗嫩茎，影响植株的正常生长。

到了花生的开花下针期，老鼠会破坏花生的枝叶，干扰光合作用。而在花生的结果期，它们更是大肆啃食花生荚果，造成产量的严重损失。据统计，部分地区因鼠害导致花生每亩产量减少可达20%以上。

二、老鼠侵害花生的方式

（一）直接啃食

老鼠会直接咬食花生的果实、茎叶和根系，造成植株的损伤和死亡。

（二）破坏土壤结构

老鼠在花生田打洞做窝，扰乱了土壤的层次和结构，影响花生根系的生长和对养分的吸收。

（三）传播疾病

老鼠身上携带的病菌可能会通过接触花生植株，引发花生病虫害的传播和蔓延。

三、花生鼠害的防治措施

（一）物理防治

1. 放置捕鼠夹和捕鼠笼

在老鼠经常出没的路径、洞口附近以及花生田的周边区域合理设置捕鼠夹和捕鼠笼。选用质量可靠的工具，并确保其灵敏有效。诱饵的选择至关重要，可以使用新鲜的花生、谷物或

者香味浓郁的食物，如油炸食品等，以增加对老鼠的吸引力。例如，在一处鼠害较为严重的花生田，农户沿着田埂每隔5～10m放置一个捕鼠夹，连续几天都成功捕获了不少老鼠，有效地控制了鼠害。

2. 安装防鼠网和围栏

选用坚固耐用的材料制作防鼠网和围栏，高度一般应在50cm以上，以防止老鼠翻越。将其紧密围绕在花生田的周边，埋入地下一定深度，防止老鼠从地下钻入。同时，要定期检查防鼠设施是否有破损或漏洞，及时进行修补。

（二）生物防治

1. 保护天敌

为猫头鹰、蛇、黄鼠狼等老鼠的天敌创造良好的生存环境。可以在花生田附近保留一定的自然植被，为猫头鹰提供栖息和觅食的场所。避免过度使用农药，以免误杀有益的昆虫和小动物，影响食物链的平衡。例如，在某个生态环境较好的花生种植区域，由于周边树林为猫头鹰提供了充足的食物和栖息条件，鼠害得到了有效的控制。

2. 引入有益生物

适当引入猫等动物，它们对老鼠具有天然的威慑和捕捉能力。但要注意对引入生物的管理，防止它们对花生田造成其他不良影响。

（三）化学防治

1. 合理使用灭鼠剂

选择高效、低毒、安全的灭鼠剂，并严格按照说明书上的剂量和使用方法进行投放。可以将灭鼠剂制成毒饵，放置在老鼠经常活动的区域。需要注意的是，使用灭鼠剂时要避免在雨天或大风天操作，防止药剂流失或飘散。例如，某花生种植户在专业人员的指导下，准确计算了灭鼠剂的用量，并将毒饵投放在老鼠洞附近，取得了显著的灭鼠效果。

2. 毒饵站防治

在花生田中设置毒饵站，既能提高毒饵的利用率，又能减少对其他非目标生物的危害。毒饵站应设置在显眼且老鼠容易到达的位置，并定期检查和补充毒饵。

（四）农业防治

1. 轮作

实行花生与其他作物的轮作制度，如玉米、小麦等。这样可以改变田间的生态环境，减少老鼠的食物来源和栖息场所。例如，连续种植花生三年后改种玉米，老鼠的数量明显减少。

2. 清理田园

及时清除田间的杂草、残株和废弃物，破坏老鼠的藏身和繁殖环境。保持田间的整洁和通风，降低老鼠的生存概率。

四、防治花生鼠害的注意事项

（一）安全第一

在使用化学药剂和设置捕鼠工具时，务必做好个人防护措施，如佩戴手套、口罩等。同时，要将化学药剂存放在儿童和家畜无法接触到的安全地方，避免误食或误触引发中毒事故。对于设置的捕鼠夹和捕鼠笼，要做好明显的标识，防止人员误伤。

（二）定期监测

安排专人定期对花生田进行巡查，观察老鼠的活动迹象、花生植株的受害情况以及防治措施的效果。根据监测结果，及

时调整防治策略和方法。例如，如果发现某种防治措施效果不佳，应及时更换或补充其他措施。

（三）综合运用

单一的防治方法往往难以彻底解决花生鼠害问题，应根据实际情况灵活组合运用多种防治手段。例如，在物理防治的基础上，结合化学防治和生物防治，形成全方位的防控体系，提高防治效果。

（四）环保理念

在防治过程中，要尽量选择对环境友好的防治方法和药剂，减少对土壤、水源和空气的污染。避免过度使用化学药剂，以免破坏生态平衡和有益生物的生存环境。同时，要关注防治措施对周边生态系统的长期影响，实现可持续的防治目标。

第九章　花生防灾减灾技术

第一节　涝　害

花生喜旱怕涝，涝年减产，旱年增产，可见雨涝渍害是影响花生生产的主要气象灾害。花生在苗期，土壤水分不宜过多。据试验，普通型晚熟大花生，幼苗期土壤相对湿度以50%~60%为宜。土壤相对湿度低于40%，根系生育受阻，幼苗生长缓慢，明显影响花芽分化。高于70%时，则根系发育不良，地上部分生长细弱，形成高脚苗，影响产量。开花结荚期最适的土壤相对湿度为60%~75%，低于50%时花明显减少。土壤含水量低于10%，表现开花中断，严重影响开花授粉、果针入土和荚果发育，明显减产。水分过多，排水不良，在施肥多的地块会引起植株徒长，结实部位提高，影响结实率。结荚成熟期土壤相对湿度超过70%时不仅不利于荚果发育，轻者果壳变色，含油量降低，重者形成荚果霉烂变质，丧失经济价值，损失较大。

一、开窄厢

窄厢深沟，三沟配套。在花生产区，播种前整地要求开窄厢，一般厢宽以1.5m为宜，并开好围沟、腰沟、厢沟，以便降雨后能及时排渍。

二、地膜覆盖

采用0.012mm厚度的聚乙烯地膜覆盖。地膜覆盖能改变地表和近地气层的热交换过程，阻碍近地层的乱流、平流运动，能较好地起到防涝降渍的作用。

三、选用耐涝品种

在容易发生涝、渍灾害地区，选用育出的花生品种，如中花4号、中花5号等。

四、发展麦套花生

一般麦套花生比麦收割后的夏直播花生提前13~15d开花，可避免雨涝时期对开花的影响，获得较高产量水平。

第二节　旱　灾

花生是一种耐旱能力较强的作物，一般情况下可不抗旱灌溉，但在成熟期如遇上大旱，土壤田间持水量低于40%以下时，则会造成大幅度减产和商品质量很差，因而也需要灌水抗旱。

灌水次数和用水量因土壤质地不同而异，一般地说，土壤结构好、容水量较大的地块，灌水次数少且每次用水量大。沙性土壤由于蓄水性差，灌水次数增多而每次用水量较小。

一般花生抗旱灌水的方法有3种：沟灌、喷灌和滴灌。

一、沟灌

将水灌在沟中，让其向两面厢中渗透，但绝不能漫上厢

面，灌后及时清沟，这种方法简便易行，成本较低，但用水量难以掌握，且用水量大，灌后土壤容易板结。

二、喷灌

采用喷灌的方法灌溉，较容易控制用水量和灌溉时间，但其成本较高，喷几次后表土容易出现板结的现象。

三、滴灌

这是目前最好的一种抗旱灌溉方法，完全可以控制其用水量和灌溉时间，而且灌溉均匀，土壤不易出现板结，但这种方法成本很高。

第三节　连阴雨

花生收获季节，可能会遭遇连续阴雨天气，对花生收获和花生品质产生较大影响。

应根据花生成熟期，及时关注天气情况，适期、及时采用良好的收获方式收获，并将荚果含水量尽快降至安全贮藏限度（8%~10%）甚至更低。

如遭遇连续阴雨天气，可以考虑适当延期收获，或挖掘后不摘果并短时间原地放置，以花生不出芽、霉变为宜。

如已经摘果，需及时铺开阴干，或及时采用烘干设备进行干燥，并注意防止在催干过程中的回潮。

第四节　干热风

花生开花下针期往往会遇到干热风（也叫南洋风）的危

害，这个阶段的气温高，风速较大，根系吸收和运输水分的速度往往难以满足植株蒸腾的需求，使植株出现失水凋萎的现象，因而必须采取相应的措施。

一、喷施爱可博等植物生长调节剂

在干热风期间，每亩用爱可博 10g 兑水 20kg 均匀喷雾，如干热风时间较长，隔 5~7d 再喷 1 次。

二、喷施磷酸二氢钾

每亩喷施 0. 2%磷酸二氢钾溶液 50kg。

三、喷清水

用机动喷雾器对植株喷洒清水，能及时补充水分，对干热风有一定的缓解作用。

第五节　低　温

花生出苗天数和平均温度密切相关，3 月至 4 月上旬发生倒春寒的概率较高，过早播种易受到低温侵袭，造成出苗不齐甚至烂种死苗。

关注天气情况，选择冷尾暖头播种，一般当 5cm 播种层地温稳定在 15℃（珍珠豆型小花生 12℃）以上播种；高油酸花生要求当 5cm 播种层地温稳定在 18℃时播种。

根据情况，覆盖农作物秸秆、农膜等措施增温保墒；有条件的农户可以采用双膜技术，即在大棚里加地膜覆盖。

选用耐低温品种。

第六节　台　风

每年 8—9 月易遭遇台风，瞬时的风雨侵袭及长时间的积水渍害，加上期间的高温，对花生生产影响不可小觑。总体来说，应抓住田间排水、培土补肥、防治病虫草害等要点。

台风过后要及时清除田间排水沟中杂物，清理沟渠，确保田间排水通畅。有条件的地方可备水泵排水降渍。

适时中耕，增加土壤透气性，增强根系的活力，确保果针下扎入土，也可预防暴雨骤晴后的土壤板结及花生生理性萎蔫。

酌情追施速效肥或喷施叶面肥，促进健康生长；夏花生应及时化控，以防止植株徒长。播种较早的春花生可作为鲜食花生收获上市。

台风过后，土壤含水量高，田间湿度大，又遭遇高温，要加强叶斑病、锈病和白绢病等病害及蛾类等虫害的动态监测和防治。

第十章　花生机械化生产

花生机械化生产包括耕整地、播种、铺膜、施肥、田间管理、收获、摘果、脱壳等作业环节。耕整地、田间植保管理等所用机械均为通用机械，与常规动力配套的深耕犁、旋耕机、圆盘耙等机械种类繁多，质量可靠，完全可以满足生产需求。手动植保机械、机动植保机械，无论是喷撒粉剂还是喷洒液体农药均能满足要求。各种灌溉设备可以实现定时、定量供水。花生机械播种穴粒数合格率达到95%～98%，两粒率可达75%～85%，基本上能满足农艺要求。机械铺膜平整，压土均匀，采光面大，节约地膜，被广泛采用。花生播种铺膜联合作业机械可以一次完成起垄、整畦、喷除草剂、铺膜、打孔、播种等工序，作业效率高，质量好。只是先铺膜、后打孔播种的机械，还存在着地膜位移，影响出苗的情况。

第一节　花生生产应用的配套机具及类型

花生生产机械包括耕整地、播种、铺膜、施肥、田间管理、收获、摘果、脱壳等机械。耕整地和田间管理机械（植保、灌溉）为通用机械设备，为此重点介绍花生生产专用机械。

一、播种机

包括人畜力播种机和机引播种机两大类。人畜力播种机比

较简单，一般为单行播种机，其主要工作部件排种器多为组合外槽轮式和内侧充种垂直圆盘式，也有划板孔式和水平圆盘孔式等形式，常见的开沟器为锄铲式、靴式等形式。机引播种机排种器除上述形式外，还有气吹式和气吸式等形式，一般为2行或4行播种机。

二、铺膜机

包括人畜力铺膜机和机引铺膜机两大类。人畜力铺膜机比较简单，正逐步被机引铺膜机所代替。

三、播种铺膜联合作业机

可以一次完成起垄、整畦、喷除草剂、铺膜、打孔、播种等工序。播种铺膜联合作业机由于其联合作业的明显优势，正在逐步取代播种机和铺膜机。

四、花生收获机

花生收获机包括分段收获和联合收获，用于分段收获的机械有花生挖掘犁、花生挖掘机和花生复收机。花生联合收获机可以一次完成挖掘、抖土和摘果作业。

五、花生摘果机

包括简单的手摇摘果机、发动机配套的摘果机、拖拉机配套的摘果机和电动机配套的摘果机。

六、花生脱壳机

包括电动机和发动机配套的两种主要形式，小型机械应用较多。

第二节 花生机械化生产技术

一、机械深耕深松

机械深耕要选用深耕犁和深松机，耕深超过25cm时，要求犁体能实现上翻下松，碎土性能良好。一般东方红-75型拖拉机选配三铧深耕犁，泰山-50型拖拉机选配二铧深耕犁，泰山-25（30）型拖拉机选配单铧深耕犁。深松最好选用全方位深松机，特别是播前深松，正值春季缺水季节，可以防止水分蒸发散失，还可以达到改善土壤性状的目的。

耕作时注意以下事项。

（1）耕作时间。深耕最好在深秋初冬进行，以促进土壤熟化，积蓄雨雪，保墒蓄水，最迟不晚于翌年清明前。深松可以在播前进行。

（2）耕深要求。不浅于20cm，一般沙土涝洼地不宜深耕；土层较厚、土质较好的平原、半山坡壤土地宜深耕，可深耕30~50cm；山岭旱薄地不宜深耕，以25cm为宜。深耕地块应上翻下松，以防止酸性底土上翻至地表。翻土深度为15~20cm，地表植被应覆盖在10cm耕层以下，覆盖率在95%以上。要求耕深均匀一致，耕后地表平整、无重耕、漏耕。

二、机械播种

机播要求双粒率在75%以上，穴粒合格率在95%以上，空穴率不大于1%。机播时应注意以下几点。

（1）播种时间。花生的适宜播期应根据品种特性、自然条件和栽培制度来确定。中晚熟品种在5cm深的地温稳定在

15~18℃时，早熟品种在12~15℃时即可播种。地膜覆盖栽培可提前10d左右播种，各地应根据地温的变化规律，以花生适宜发芽的温度确定播种时间。

（2）播种密度。一般中熟大花生应每亩8 000~9 000穴（每穴2粒，下同），中熟中粒大花生密度以每亩10 000穴为宜。但应掌握土壤肥力好的地密度相应小一些，地力差的密度大些。

（3）播种深度。一般在5cm左右。播种较早、地温较低或土壤湿度大的地块，可适当浅播，但最浅不得小于3cm；反之，可适当加深，但不超过6cm。掌握“干不种深，湿不种浅”。

（4）镇压。墒情差或沙性大的土壤，播后要及时镇压。

三、机械铺膜

作业时注意以下几点。

（1）地块的选择。地膜覆盖种植花生应选择土层较厚、中等以上肥力的壤土地。

（2）品种的选择。以中熟大花生增产效果最好，如中熟大花生海花1号、徐州68-4、花17和花37等。

（3）地膜覆盖花生比露天栽培在整地方面要求更高。应冬前深耕，早春顶凌耙地，清明前起垄；播种前施足基肥；墒情不足应开沟浇水，待水渗下后覆土整平，并喷洒除草剂后进行铺膜。

四、机械收获和机械复收

花生的收获期应根据花生生育情况和气候条件来确定。当植株呈现衰老状态，顶端停止生长，上部叶片变黄，基部和中

部叶片脱落，大多数荚果成熟，这表明花生已到收获期。从温度看，温度在12℃以下时荚果即停止生长，应及时收获。但各地气候条件差异较大，土质比较复杂，成熟期也不一致，必须因地制宜确定收获期。收获时应尽量减少花生果的脱落、受损。机械挖掘掉果率在3%以下。机械复收应在收获后接着进行，但目前机械复收效益太差，生产中基本上没有应用。

五、机械摘果

目前，花生摘果机既可以摘湿果，也可以摘干果，但摘湿果易造成鲜嫩荚果的破碎，在情况许可的情况下，应晾晒后摘果，但不宜太干，以防荚果破碎。摘果要求摘净率在98%以上，破碎率不超过3%，清洁度达98%以上。

六、机械脱壳

花生果不能太潮湿，以免降低效率；太干则易破碎，当花生果含水率低于6%时，应洒水闷一下。机械脱壳要求脱净率达98%以上，破碎率不超过5%，清洁度达98%以上，吹出损失率不超过0.2%。

第十一章 花生机收减损、贮藏与加工

第一节 花生机收减损

一、成熟的标志

花生开花期较长，每株上荚果形成时间和发育程度很不一致，成熟度差异较大，其成熟期很难确定。一般以大部分荚果成熟时作为花生的成熟期，即珍珠豆型品种饱果率达75%以上，中间型中熟品种饱果率达到65%以上，普通型晚熟品种饱果率达到45%以上时。

（1）植物形态。茎叶生长基本停止，顶部2~3片复叶明显变小，茎叶转黄，中部叶片也逐渐枯黄脱落，叶片感夜运动（即叶片的晚间相互抱合）基本消失。

（2）荚果特征。大多数荚果果壳变硬，网纹明显，内果皮海绵组织极度收缩变薄，中果皮由黄褐转黑褐；颗粒饱满，种皮薄，光润，呈现品种固有色泽。

（3）种子内含物的变化。脂肪含量增高，碳水化合物减少，游离脂肪酸降低，油酸含量逐渐增加，由大变小，至成熟趋于稳定，亚油酸含量逐渐减少，至成熟降到很低水平，油分色泽转正常。

二、收获期与产量、品质及下茬作物的关系

（一）收获期与产量的关系

据研究，花生单株荚果干物质的累积过程表现为“S”形曲线。在花生成熟期，荚果产量逐渐增加，到最高后产量稳定一定时间又逐渐下降。研究认为，生产上适当延迟收获期能够增加产量。花生随着生育期的延长，单株结果数、百果重和荚果产量都不断提高，迟收 1d 每亩能增产 3～5kg 荚果。但不同品种，延迟收获的增产效果不同，有些品种产量变化相对比较稳定，有的品种在不同年份其产量趋于稳定的时间早晚也不同。但延期收获并非越迟越好，收获期过晚反而会降低产量，主要是芽果烂果增加而减产。在长江流域以及南亚，叶部病害（叶斑病、锈病）比较严重的花生品种、地块，在后期不进行喷药控制的情况下，适当提前收获反而能保证较高的产量。

（二）收获期与品质的关系

花生收获过早，多数荚果尚未充分成熟，种子不饱满，出仁率低，成品率、商品率均显著降低。成熟度不够的种子内游离脂肪酸多，油酸/亚油酸值低，不耐贮藏，商品率均显著降低。花生收获过迟，田间烂果、裂荚增多，部分种子还萌动发芽。同时，已成熟的荚果在土壤中，由于含水分较多，一方面因呼吸而消耗自身干重，另一方面因微生物的侵染，引起脂肪酶的活化，导致脂肪发生水解、酸败，品质降低。有报道称，随收获的延迟，花生受黄曲霉污染的机会也将上升。

（三）收获期对下茬作物的影响

花生由于对退茬时间没有严格要求，花生成熟即可收获，而地膜花生往往要安排种一季晚稻、秋杂粮或蔬菜，故对季节要求比较严格。地膜花生配晚稻，要求晚稻的插秧时期必须在

8 月上旬以前结束。花生的退茬要求在 7 月底至 8 月初，各地与秋杂及秋冬菜配套的退茬时间，也是越早越好。故必要时也应提前 3~5d 收获，以保证下茬作物对温光条件的要求。

三、适宜的收获时期

花生适时收获，不仅能够提高产量，而且能够提高油分品质。收获过早，多数荚果尚未充分成熟，种子不饱满，出仁率低，不仅影响产量，而且品质也差，作种用出苗困难，弱苗也多。收获过晚，植株过分老熟，呼吸作用增强，自身消耗大，果重减轻，如遇雨土壤含水量增高时，荚果易霉烂，且因休眠期短易发芽。同时收获时落果多，费时费工，损失大；叶片脱落多，饲草量减少。因此，应根据生长情况、土壤墒情和品种属性等条件适时收获。

第二节　花生收获与干燥

花生收获方法因各地的栽培习惯、土壤墒情、质地及品种类型等不同而不同。主要有拔收、刨收、犁收、机械收获等方法。拔收方法主要用于珍珠豆型品种或子房柄抗拉力强度大的品种。一般情况下采用刨收、犁收方法。刨收、犁收的关键是掌握好刨、犁深度。过深，既费力，花生根部带土又多，造成拣果抖土困难，且易落果；过浅，易损伤荚果或将部分荚果遗留在土中，犁、刨深度以 10cm 为宜。机械收获适于面积较大的地块，如果种植面积较大，则应考虑机械收获。机械收获能显著提高效率，但应注意尽量减少花生的机械损伤。

由于花生普遍种植于丘陵旱坡地带，土壤以红、黄壤居多，土性黏，干后较硬。因此，在花生成熟期根据土壤湿度状

况选择适合收获时间显得非常重要。如遇干旱，土壤板结，有条件的应先行浇水润田，至土壤湿度适宜时拔收。如土壤板结，又没有浇水条件，则可刨收或人工挖收。

一、田间晾晒

花生拔棵后田间晾晒有助于植株中的养分继续向种子中转移，而且花生在植株上通风好，干得快。晾晒期间花生各部分的水分变化受晾晒期间的天气影响，晴天，果壳、子房柄和茎的含水量以每天10%的速度降低，但籽仁水分降低缓慢。田间晾晒程度根据具体情况而定。如捡拾后搬运到晒场上采用固定摘果或机械摘果，可晾晒至茎叶含水量20%以下时开始捡拾搬运。

二、捡拾摘果

花生田收获过程会有很多掉果，应捡刨干净。摘果有手摘、摔、敲等，配合手摘和机摘，但作种用以手摘为好，以免造成机械损伤而影响发芽。

第三节　花生贮藏技术

花生含有丰富的营养物质和水分，极易引起霉菌等微生物的繁殖，造成黄曲霉毒素等有害物质超标。随着花生产量的逐年增加，花生收获期集中，若花生的干燥贮藏问题不解决，则会导致花生质量的严重下降。影响花生安全贮存的主要因素有水分、湿度、空气等外界条件，以及荚果本身所含水分的高低、杂质的多少和品质的好坏。荚果贮存前晒干扬净，贮存期间外界条件适宜，就能保持其品质和种子的生活力。反之，入库前荚果含水量高、杂质多，贮存期间外界条件不适宜，则会增加荚果的呼吸作用，引起堆内发热，致使荚果霉变酸败而降低品质，影响食用价值和种用价值。

一、贮前准备

荚果贮藏前充分晒干，去净幼果、秕果、荚壳破损果及杂质。良好的贮藏方法和包装有助于减少致病菌的污染，贮藏和管理的失误有可能扩大局部污染，使致病菌分布扩大或在设备中存活。因此，贮藏前需在仓库的内墙上喷洒杀虫剂，空仓用敌敌畏等药剂密闭熏蒸。若用麻袋装果，要仔细检查麻袋，发现害虫可及时消毒，而花生堆外层麻包也要喷洒杀虫剂。此外，要预防鸟类、鼠和其他带菌体污染包装设备、包装地点和贮藏区域。贮藏柜或空容器不要与地面或土表直接接触，防止受污染。

二、贮藏方法

贮藏期间，花生劣变主要包括生霉、变色、走油和变哈。因花生壳可防止机械损伤和虫子侵扰，故花生荚果比果仁耐贮藏。花生贮藏主要采用如下方法。

（一）缸藏

选择密封性好的瓦缸或容器，放到阴凉的地方，下面垫石灰或草木灰隔潮，或者垫一层干燥的花生壳或稻草防潮，然后放入花生荚果后加盖密封保存。这种方法可保存荚果 1~2 年，适合少量种子的贮藏。

（二）库藏

花生库藏方法有装袋垛存、散装堆放和低温贮藏。

1. 装袋垛存

装袋上垛，便于通气、管理和发运，室内外通风处囤存，一般用作短时间存放，囤的大小、形状应根据花生量的多少和具体情况而定，需要定期对温度进行监测。目前，我国大多采用室内装袋垛存来贮藏花生。

2. 散装堆放

若不采取其他有效措施，容易造成通气和散热不良，检查管理不便，人为损失荚果多，种子容易回潮和遭受虫害袭击等。

3. 低温贮藏

冷库是最有效的花生贮藏方式，但投入成本较大，仅有少部分企业采用此法来贮藏花生。保温库贮藏要求库温常年保持在 18℃以下，最高不超过 20℃，种子长期贮藏在低温干燥的条件下，能降低种子呼吸强度，延长种子寿命，保持种子生活力。

（三）二氧化碳密封贮藏

用透气性极低的无毒塑料薄膜包装花生后，在袋内充入足够的二氧化碳，并迅速热合封袋；花生快速吸附二氧化碳后，袋内出现负压，使花生与花生、花生与薄膜彼此紧贴。经此法处理的花生，贮藏 3 个夏季后，完好率可达 93%。

三、定期检查

定期检查种子含水量和贮藏过程中的堆温，同时还要定期检测荚果含水量和种子发芽率，如超过安全贮藏界限，应立即通风翻晒，确保花生荚果或种子干燥。

四、防治仓虫

对已发生虫害的花生应使用熏蒸剂进行防治，把药剂置于受侵害的花生周围，密封仓库，防止毒气外泄，当害虫被杀死后，翻仓筛除虫体并喷洒适量药剂，然后重新入库。

第四节　花生加工预处理

一、花生的剥壳与分级

花生在加工或作为出口商品时，都需要进行剥壳加工。剥壳的目的是提高出油率，提高毛油和饼粕的质量，增加设备的有效生产量，利于轧坯等后续工序的进行和皮壳的综合利用。传统的剥壳为人力手工剥壳，手工剥壳不仅手指易疲劳、受伤，而且工效很低，所以花生产区广大农民迫切要求用机具来代替手工剥壳。

（一）花生的剥壳

花生剥壳机种类很多，现以常用的刀笼剥壳机为例说明。

刀笼剥壳机又称“花生剥壳机”，是借助转动轴上的刀板与笼栅的挤压和打击作用，将花生果外壳破碎的一种机械设备，其特点是结构简单、操作方便。刀笼剥壳机除能进行花生果剥壳外，还能使仁壳进行分离，该设备实际上是花生果剥壳与仁壳分离的联合设备。

花生果进入存料斗后，经调节器并在拨料辊的作用下形成薄层流落下来，在花生果下落的过程中，从风道吹出的气流把轻杂质吹走，再经导风板送往集壳管。若有花生果被带走，则可通过导风板后部落入笼栅。花生果内的重杂质垂直落入溜管

后，再排出机外。溜管上部有一调节阀门进行控制，以防止花生果也落入其内。花生果经过气流吹过后落入笼栅。花生是在剥壳辊的锤击和挤压下进行剥壳的。剥壳后的仁与壳通过笼栅的间隙落下时，受到通风机吹来的经调节风门调节好的气流作用，将果壳送往集壳管，并从集壳管下部的果壳出口排出机外，壳屑等轻杂质从集壳管中部壳屑出口排出，另行收集，花生仁经过振动筛后进一步分离。

刀笼剥壳机的操作要点如下：开车运转正常后，方可进料。存料斗内花生必须充满，且靠自重进行下落，笼栅内的存料量应控制在其容积的1/3左右；并合理调节风速，保证分离效果。刀笼在正常运转时，不得有异常撞击声，否则应立即停车检查，找出原因，排除故障；应定期在各润滑部位加注润滑油。

花生荚果的剥壳是花生加工过程中的重要工序，剥壳质量的好坏直接影响籽仁的质量和利用价值，衡量剥壳机的主要性能指标是破伤率（破碎率和损伤率）、一次脱净率、清洁度和生产率。一般来讲，对花生剥壳机总的要求是：剥壳净，一次性剥壳率在90%以上；破伤率低，要求破伤率在5%以下；壳皮与籽仁分离好，清洁度要求一般在97%以上。

按用途不同，对剥壳的要求也有所不同。种用和出口花生仁要求较高，目前种用和出口花生仁大部分为手剥手拣，现有的剥壳机都不理想。有的剥壳机虽破伤率不高，外表看不出破伤，但也会造成一定内伤，不宜作种用，外贸出口也不受欢迎。食用和榨油用的是生花生仁，对破伤率要求不十分严格，适于这种用途的剥壳机很多，而且应用也较普遍。

花生剥壳的质量与剥壳机的结构、花生品种类型、荚果大小及荚果干燥程度等均有密切关系。剥壳机的关键在于滚筒与

凹板筛的间隙，间隙过大，则易出现剥壳不净，过小则易造成籽仁破伤率高。因此，应根据品种类型和荚果大小来调节间隙。

（二）花生仁的分级

花生仁通过分级粒选，不仅能确保高质量的种子有利于机械播种，也是花生加工和外贸出口所需的一项重要工序。采用机械分级不仅可以保证分级标准化、规范化，而且还可大大提高工效。花生仁一般分为一、二、三级，一、二级作种用，三级花生仁留作榨油。食品加工和外贸出口花生仁分的等级较细，食品加工也可根据客户需要进行分级，外贸出口中一般分为七至八级。花生仁分级的总要求是确保同一级别的籽仁均匀整齐、规格一致，并且保证无霉坏变质、生芽、破伤、变色的籽粒。

作种用的花生仁基本上还是人工手选，食品加工及外贸出口一般由花生加工厂采用机械分选。使用的粒选分级设备种类型号较多，一般由机架、粒选分级筛、风机、传动装置及操纵机构等部件组成。简易分选机一般分为二、三层不同规格的筛孔，花生仁即可分为三级。外贸出口则分为多种规格的筛孔，机械化程度更高一些，可以分出更多的级别。

外贸加工厂应用的6FH-1200型花生仁清选分级筛，主要由喂入斗、振动喂入台、比重去石筛、上下风机、圆筒分级筛、大中小3个料斗及机架等部件组成。该机主要是利用花生仁和夹杂物的物理机械性质（密度、悬浮速度）的不同和几何尺寸的不同进行清选分级。清选部分是根据花生仁和夹杂物的空气动力学特性的不同、密度的不同，利用气流的作用在振动筛配合下进行清选。分级部分是按花生仁的厚度利用倾斜的圆筒进行分级，圆筒筛有两种间隙，即7.1mm和9.1mm，小于7.1mm的花生仁从7.1mm的间隙漏下，大于7.1mm而小于9.1mm的花生仁从9.1mm的间隙漏下，大于9.1mm的则

从圆筒筛前端流出，这样就可以将花生仁分为三级。该设备配以5.5kW电动机，生产率为1 000kg/h，清选净度为99%。

二、花生的破碎和轧坯

（一）花生的破碎

利用机械的方法将花生或花生预榨饼粒度变小的工序叫破碎。破碎的目的是改变花生粒度的大小，以利于轧坯。对于预榨饼来讲，破碎的目的是使饼块大小适中，为浸出或第二次压榨创造良好的出油条件。

花生破碎设备的种类较多，植物油厂常用的有辊式破碎机、齿辊破碎机和锤式破碎机等。其中，辊式破碎机是借一对拉丝辊的速差产生的剪切和挤压作用使花生破碎的设备，也可利用对辊轧坯机破碎花生。

辊式破碎机由喂料机构、磁铁清理机构、辊间压力的调整机构、调整齿辊间隙机构组成。辊式破碎机的结构合理，外形美观，调节灵活，喂料均匀可靠；而且采用压缩弹簧紧辊，防护性能好，并且产量大，耗电少，噪声低，维修简单；在喂料系统中还安装了强力永久磁铁，避免磁性杂质落入齿辊内。

（二）花生的轧坯

花生的轧坯是利用机械的作用，将花生由粒状压成薄片的过程。花生轧坯的目的是破坏花生的细胞组织，为蒸炒创造有利的条件，以便在压榨或浸出时，使油脂能顺利地分离出来。

花生的热导率小而且热容量低，如果不把花生轧成薄片，就很难使其表面吸收的热量传递到中心去，并且会使表面温度升高很快，很难达到均匀加热的目的，造成蒸炒时生熟不匀、里生外熟的现象。另外，由于轧坯后料坯的表面面积增大，有利于加热，也有利于在润湿时吸收水分和炒料时挥发水分。

对轧坯的基本要求是料坯要薄而均匀，粉末少，不露油，手捏发软，松手散开，粉末度控制在筛孔 1mm 的筛下物不超过 10%~15%，花生仁料坯的厚度在 0.5mm 以下。轧完坯后再对料坯进行加热，使其浸入的水分控制在 7%左右，粉末度控制在 10%以下。

三、花生坯的蒸炒

花生坯的蒸炒是指花生坯经过湿润、加热、蒸坯和炒坯等处理，使之发生一定的物理化学变化，使其内部的结构发生改变，转变成熟坯的过程。

蒸炒是花生制油工艺过程中重要的工序之一。蒸炒可以借助水分和温度的作用，使花生坯内部的结构发生很大变化，例如细胞受到了进一步的破坏，蛋白质发生了凝固变性，降低了天然花生蛋白质对花生油的乳化作用。蒸炒还使花生粕中油脂黏度降低，有利于油脂从花生坯中比较容易地分离出来，并且也有利于毛油质量的提高。因此，蒸炒效果的好坏对整个制油生产过程的顺利进行、出油率的高低以及油脂的品质、饼粕的质量都有着直接的影响。

对花生坯蒸炒的要求随蒸炒方法的不同而异，由于所采用榨油机种类和其他辅助设备的不同，料坯的蒸炒方法也不同。凡具备蒸汽锅炉和立式蒸炒锅等设备的工厂，宜选择湿润蒸炒方法，否则，可以采用“加热—蒸坯”方法。

第五节　花生压榨制油

一、压榨过程

压榨取油的过程就是借助机械外力的作用，将油脂从榨料

中挤压出来的过程。压榨过程中发生的主要是物理变化，如料胚的变形、油脂的分离、摩擦生热及水分蒸发等。但是，由于温度、水分、微生物等的影响，同时也会产生某些生物化学方面的变化，如蛋白质变性、酶的钝化及破坏、某些物质的相互结合等。压榨时，榨料粒子在压力作用下内外表面相互挤紧，致使其液体部分和凝胶部分分别产生两个不同过程，即油脂从榨料空隙中被挤压出来和榨料粒子变形形成坚硬的油饼。

（一）油脂与凝胶部分分离的过程

在压榨的主要阶段，受压油脂可以近似看做遵循黏液流体的流体动力学原理，即油脂的榨出可以看成变形了的多孔介质中不可压缩液体的流动。因此油脂流动的平均速度主要取决于孔隙中液层内部的摩擦作用（黏度）和推动力（压力）的大小。同时液层厚薄（孔隙大小和数量）以及油路长短也是影响这一阶段排油速度的主要因素。一般来说，油脂黏度越小，压力越大则从孔隙中流出越快，反之油路越长、孔隙越小则流速降低，压榨进行得越慢。

在强力压榨下，榨料粒子表面挤紧到最后阶段必然会产生这样的极限情况，即在挤紧的表面上最终留下单分子油层，或近似单分子的多分子油层。这一油层由于受到表面强大的分子力场的作用而完全结合在表面之间，它已不再遵循一般流体动力学规律而流动，也不可能再从表面间的空隙中压榨出来。此时油脂分子可能呈定向状态的一层极薄的吸附膜。当然，这些油膜在个别地方也会破裂而使该部分直接接触以致相互结合。由此可见，压榨最终使榨料粒子间压成油膜状紧密程度时，其含油量是很低的。但实际上，饼中残留的油脂量与保留在粒子表面的单分子油层相比要高得多，这是因为粒子的内外表面并非全部压紧，同时个别榨料粒子表面直接接触，使一部分油脂

残留在被封闭的油路中。

（二）油饼的形成过程

在压力的作用下，榨料粒子间随着油脂的排出而不断被挤紧，直接接触的榨料粒子相互间产生压力而造成榨料的塑性变形，尤其在油膜破裂处将会相互连成一体。这样在压榨最终，榨料已不再是松散体，而开始形成一种完整的可塑体，成为油饼。但油饼并不是所有粒子都相互结合，而是一种不完全结合的具有大量孔隙的凝胶多孔体，即粒子除了部分发生结合作用而形成饼的连续凝胶骨架以外，在粒子之间或结合的粒子组之间仍然留有许多空隙。这些孔隙一部分很可能是互不连接而封闭了油路，而另一部分相互连接形成通道，仍有可能继续压榨取油。由此可知，饼中残留的油脂，由油路封闭而包容在孔隙内的油脂和粒子内外表面结合的油脂，以及未被破坏的油料细胞内残留的油脂所组成。实际的压榨过程由于压力分布不均、流油速度不一致等因素，必然会形成压榨饼中残油分布的不均匀性。同时不可忽视，在压榨过程，尤其是最后阶段，由于摩擦发热或其他因素，将造成油脂中含有一定量的气体，其中主要是水蒸气。因此，实际的压榨取油应包括：在变性多孔介质中液体油脂的榨出和水蒸气与液体油脂混合物的榨出两个过程。

二、螺旋榨油机取油

螺旋榨油机的工作原理如下。

动力螺旋榨油机的工作过程，由旋转着的螺旋轴在榨膛内的推进作用使榨料连续向前推进，由于螺旋轴上螺距的缩短和根圆直径的增大，以及榨膛内径的减小，使榨膛空间体积不断缩小而对榨料产生的压榨作用。榨料受压缩后，油脂从榨笼缝

隙中流出，同时榨料被压成饼块从榨膛末端排出。

（一）榨料在榨膛内的运动规律

在理想状态下，榨料粒子受到榨螺推料面的作用，其粒子的运动在无阻力的情况下可以认为是按照螺旋体本身的运动规律向前推进，即粒子的运动轨迹是回转运动与轴向运动的合成。然而，榨料在实际推进的过程中运动状态是十分复杂的，它同时受到许多阻力作用，这些阻力包括：榨笼内表面和螺旋轴外表面与榨料间的摩擦阻力；榨料粒子之间相对运动时的内摩擦力；榨螺中断处、垫圈形状突变及榨膛刮刀等对榨料形成的阻力；榨膛空间缩小时的压缩阻力等。上述阻力的作用结果使实际榨料在榨膛内的运动不再像螺旋输送机那样匀速推进，其运动速度不仅在数值上，而且在不同区段上的方向也不断变化。通过实测榨条各区段的划痕，或用木制模型 X 射线照相，都证实了榨料粒子的运动轨迹是一条螺距不断增加的螺旋线，它与榨螺螺距的变化规律相反。

如果榨料粒子与榨轴外表面之间的摩擦力及榨料粒子之间的内摩擦力比榨料粒子与榨笼内表面间的摩擦力大，那么榨料会产生随轴旋转运动。在螺旋榨油机工作时，榨料的随轴旋转运动是不允许发生的。在榨笼内表面处，榨料粒子与榨笼内表面的阻力较大，能抵消随轴旋转运动的周向力，然而在中间层，榨料粒子之间主要靠内摩擦力的作用，其阻力较小，尤其在进料段，松散的榨料粒子间的内摩擦力更小，这时就容易产生随轴旋转运动。此外，榨轴表面与榨料之间的摩擦力大也易产生榨料的随轴转动。因此，沿径向各榨料层的随轴转动情况是不一致的。为防止榨料的随轴转动，在螺旋榨油机的榨膛内安装了刮刀，在榨笼内表面装置榨条时使其具有“棘性”。

榨料在榨膛内的推进过程中，部分榨料会在榨螺螺纹边缘

和榨笼内表面所形成的缝隙中产生反向运动（即回料），回料的形成是由多种因素引起的，如榨螺螺纹边缘与榨笼内表面所形成的缝隙偏大，榨螺螺距偏大，榨料与榨笼内表面摩擦力较大，出饼口太小造成的“反压”及榨膛理论压缩比大于榨料实际压缩比等。回料会影响榨油机的生产能力和出油率，因此必须根据实际要求加以控制。

（二）压榨取油的基本过程

在螺旋榨油机中，取油过程可分为3个阶段，即进料（预压）段、主榨（出油）段、成饼（重压沥油）段。

第一，进料段。榨料在进料段开始被挤紧，排除空气和少量水分，发生塑性变形，形成松饼，并开始出油。高油分油料在进料压缩阶段即开始出油。进料段易产生回压作用，应采取强制进料和预压成型的措施，克服回压。

第二，主榨段。此阶段是形成高压、大量出油的阶段。这是由于榨膛空间体积迅速有规律地缩小，榨料受到强烈挤压，料粒间开始结合，榨料在榨膛内形成连续的多孔物而不再松散，大量油脂排出。同时榨料还会因螺旋中断、榨膛刮刀、榨料棱角的剪切作用而引起料层速差位移、断裂、混合等现象，使油路不断打开，有利于迅速出油。

第三，成饼段。榨料在成饼段已形成瓦块状饼，几乎呈整体式推进，因而也产生了较大的压缩阻力，此时瓦块饼的可压缩性已经很小，但仍需保持较高的压力，以便将油沥干而不被回吸。最后从榨油机排出的瓦块状饼块，会由于弹性膨胀作用而体积增大。

压榨过程中大量的油脂是在榨油机的前一半榨膛中被挤出的，即在进料段和主榨段区域被榨出的，这可从螺旋轴上油饼中残油率的变化特性得到证实。当然在榨膛内沿轴向分布的排

油情况，会随着榨料含油和榨机结构的不同而有所变化。

在压榨过程中，油饼沿径向层次的含油率不同，内层的含油率要比外层的高，压榨物料径向层次残油率之间的差别随着榨料向出饼口的推移而减小。而实际排出机外的饼径向层次残油率正好呈相反的关系，即饼外层的残油率高于内层的，这种现象的产生可认为是由于螺旋榨油机的结构特点所致：一方面榨膛内油饼的单向排油必然使螺旋轴表面榨料的油路较长而不易排出；另一方面在进料段和主榨段前部的料层较厚，容易产生含油率梯度，在压榨后期，榨料被压缩变薄，同时在靠近螺旋轴表面处的水分蒸发强度比榨笼内壁处高，以致将榨料粒子孔隙内的油脂挤出，因此内外饼层之间的含油率梯度相对缩小；当饼排出机外时由于压力的消失，水分急剧蒸发及外层饼面油脂的回吸等反而使内层饼的含油率低于外表层。

主要参考文献

陈康，林倩，王永丽，2023. 花生绿色优质高效栽培技术［M］. 北京：中国农业出版社.

罗鹏，刘璐，2018. 优质花生高产栽培技术［M］. 郑州：中原农民出版社.

万书波，张佳蕾，2020. 花生单粒精播高产栽培理论与技术［M］. 北京：科学出版社.

王红献，刘志坚，2018. 花生高产栽培实用技术［M］. 郑州：郑州大学出版社.

吴正锋，万书波，王才斌，等，2020. 粮油多熟制花生高效栽培原理与技术［M］. 北京：科学出版社.

夏海勇，薛艳芳，2017. 玉米花生间套作栽培新技术［M］. 北京：中国农业出版社.